Paul Reinhold Linn
Gerald Brietzke

Leg' los jetzt!

Ein Fachbuch zur Berufsorientierung für Jugendliche und junge Erwachsene

Gefördert durch den expert-Technik Verbund

expert

Für Christina

Danksagung:

Wir möchten uns besonders bei den befreundeten Unternehmen und den Lieferanten des expert-Technik Verbundes, sowie den Sponsoren zu diesem Buchprojekt ganz herzlich für Ihre Unterstützung und ihr Engagement zur Realisierung bedanken.

Ganz besonders möchten wir uns für die vielen Jahre der freundliche Unterstützung bei Herrn Walter Kabino und bei Frau Erika Frensemeyer † des Berufskolleg Kaufmännische Schulen in Bergisch Gladbach bedanken, mit deren engagierter Hilfe dieses Konzept didaktisch verifiziert und optimiert werden konnte! Auch gilt mein persönlicher Dank an Herrn Dipl. Psych. Egon Schleusener, Leiter a. D. der Erziehungsberatung in Leverkusen, für die vielen Anregungen und die engagierte fachliche Begleitung dieses Projektes.

Inhaltsverzeichnis

Volle Kraft voraus! 10

„Faszination Elektrotechnik" 12

– ein Gespräch mit Gerald Brietzke 12

Lernen Sie wirklich aus Ihren Fehlern? 17

Beruf – eine Last oder eine Lust? 17

Wer Leistung fordert, muss Sinn bieten 20

Meine persönliche Zielvereinbarung 21

Was ist ein Ziel? 22

Ab wann existiert ein Ziel? 22

Wie werden Ziele definiert? 23

Ihre persönlichen Ziele 23

Was will ich erreichen? 24

Wozu will ich es erreichen? 24

Wie realistisch ist mein Ziel? 24

Was benötige ich, um mein Ziel zu erreichen? 24

Wie will ich mein Ziel erreichen? 24

Wann soll mein Ziel erreicht sein? 25

Ein echtes Ziel ist: machbar, messbar und motivierend 25

Prioritäten setzen durch die ABC-Analyse: 26

Geht da hin, wo eure Stärken sind! 31

Erfolg hat nur, wer sich präsentieren kann 32

Was bedeutet persönlicher Erfolg? 33

Werden Sie aktiv! 33

Geben Sie Ihr Bestes! 33

Ihre Probleme sind Ihre Chancen 34

Sie wollen einzigartig sein 35

Leuchten Sie nachts im Dunkeln? 35

Ergänzen Sie Ihr Wissen 37

Tun Sie das gerne, was Sie tun 37

Wer sich verkaufen kann, der wird zum Macher 39

Was ist verkaufen? 39

Für den ersten Eindruck gibt es keine zweite Chance 41

Der Primacy-Effekt 42

Grundlagen der Kommunikation 44

Die Ebenen der Kommunikation 45
Paradoxe Situationen 47
Entscheidend ist, was auf der anderen Seite ankommt 47
Die vier Arten der Wahrnehmung 49

Die Sache mit dem Eisberg 54
Bewusstes und Unbewusstes 55
Bilder der Seele 57
Das kollektive Unbewusste 60
Am Anfang war der Traum 61
Ihr Zukunftsorgan 69
Die Geschichte mit dem Tausendfüßler 70
Egal woran ein Mensch glaubt, er behält immer Recht! 72

Das Dinosaurier-Gehirn 76
Was macht Stress mit uns? 76
Der ultimative Selbstversuch 78

Mit der inneren Einstellung fängt alles an 81
Es kommt auf Ihren Standpunkt an! 82
Die Geschichte mit dem Spiegelsaal 86

Was haben andere davon, mit Ihnen zusammen zu arbeiten? 89
Die Sache mit dem Glück 91
Wo können Sie Nutzen bieten? 91
Menschlichkeit 91
Anerkennung und Lob 92
Umwelt und Gesundheit 92
Materieller Nutzen 92

Die fünf Säulen des Erfolges 96
1. Säule: Was bedeutet Erfolg? 97
2. Säule: Will ich überhaupt erfolgreich sein? 98
Erfolg hat nur der Tüchtige? 100
3. Säule: Auf welchem Gebiet möchte ich erfolgreich werden? 101
Der kleine Unterschied 102
Erarbeiten Sie Ihr Anlagenprofil! 103
4. Säule: Ich kann alles lernen! 105
5. Säule: Die Fähigkeit, erfolgreich zu sprechen 106
Sprachhemmung überwinden 108

Sympathie ist kein Zufall! 111
Die Sekunden der Entscheidung 111
Aufbau eines zielgerichteten Gespräches 113
Die Vorbereitungsphase 114
Ihre To-do-Liste am Abend vor dem Vorstellungsgespräch 114
Ihre Motivation 114
Die Eröffnungsphase – Gesprächsklima erzeugen 115
Beachten Sie die Intimzonen 115
Stellen Sie sich positiv auf Ihren Gesprächspartner ein 115
Der Handschlag 116
Machen Sie ein freundliches Gesicht – schauen Sie ihn an 116
Sprechen Sie Ihren Gesprächspartner mit Namen an 118
Stellen Sie sich vor 120
Die Distanzzonen 122
Spielen Sie keine Rolle! 123
Die Bedarfsanalyse – sammeln Sie Informationen 127
Wiederholungen sind besonders wichtig! 128
Die Angebotsphase – was haben Sie wie anzubieten? 130
Die Frage aller Fragen 131
Investieren Sie etwas Zeit 132
Von Einwänden und Vorwänden 133
Wie unterscheiden Sie den Einwand vom Vorwand? 136
Die Abschlussphase – bringen Sie Ihr Gespräch zu einem Ergebnis 138
Ihr Vorstellungsgespräch geht zu Ende 138
Der letzte Eindruck bleibt 139
Stellen Sie sich auf Fragen ein 141
Nimm den anderen wichtig 144
Die Autoren 147
Literaturverzeichnis 150
Impressum 151

WÜRTH
WÜRTH –
DEIN WERKZEUG
FÜR EINE
ERFOLGREICHE
ZUKUNFT!

Volle Kraft voraus!

Liebe Leserinnen, liebe Leser,

mit diesem Buches haben Sie schon eine wichtige Weiche für Ihre Zukunft gestellt. Herzlichen Glückwunsch, dass Sie Ihren Start ins Berufsleben motiviert und zielbewusst in die Hand nehmen wollen.

In „Leg´ los jetzt!" zeigen Ihnen der Motivationstrainer Paul Reinhold Linn und der Leiter der expert Technik Gerald Brietzke, wie Sie sich wirkungsvoll selbst präsentieren. Gerade für Berufseinsteiger ist das schließlich eine völlig neue und ungewohnte Herausforderung. Die im Buch beschriebene Methodik stellt herkömmliche Bewerbungstrainings in den Schatten.

Die Hauptthese ist verblüffend wie einleuchtend: „Entscheidend ist nicht, was man sagt, sondern was auf der anderen Seite ankommt!" Lesen Sie selbst, wie die Autoren viele Schulabgänger mit zahlreichen konkreten Tipps und Tricks begeistern konnten und fit fürs erste Bewerbungsgespräch gemacht haben. „Leg´ los jetzt!" ist ein Buch aus der Praxis, das Schüler selbst zu Wort kommen lässt und auch Sie selbstbewusster und erfolgreicher in Bewerbungssituationen machen wird.

Vielleicht wollen Sie ja das Gelernte gleich in einem Bewerbungsgespräch bei den Unternehmen des expert Technik Verbundes erproben?

Wir bieten mit 36 Unternehmen verteilt auf mehr als 50 Standorten in Deutschland das ganze Spektrum Des Elektrohandwerks. Dafür arbeiten wir mit vielen tausend Mitarbeiterinnen und Mitarbeitern zusammen. Menschen, die seit Jahren zum Wachstum von expert Technik und damit der expert Gruppe einen erheblichen Teil beitragen. Wir wollen aber trotz unser Größe vor allem eines sein: Ein fairer moderner Arbeitgeber, bei dem zugleich die persönliche Atmosphäre in jeder Ebene zu spüren ist. Die Lust an der Technik, Begeisterung für innovative Produkte und eine große Portion Leidenschaft, unsere Kunden weltweit jederzeit zufrieden zu stellen, sind die wichtigsten Eigenschaften unseres Teams. Klar – Ihr Abschlusszeugnis interessiert uns natürlich. Motivation und Engagement spielen für uns aber immer eine bedeutsame Rolle als Schulnoten.

Die Chancen nach einer erfolgreichen Ausbildung im Elektrohandwerk sind praktisch unbegrenzt. Bei Unternehmen der expert Technik finden Sie viele Möglichkeiten, auch ohne Abitur Ihre beruflichen Ziele zu erreichen. Ein verlässliches Arbeitsumfeld ist dafür eine wichtige Basis. Doch wir denken weiter. Technik-Trends und Kundenwünsche verändern sich rasant. Die Qualifikation unserer Mitarbeiter liegt uns deshalb auch nach Ihrem Einstieg sehr am Herzen. Mit der kooperierenden expert Akademie haben wir eine Plattform geschaffen, wo Sie Ihr Know-how stetig ausbauen und erweitern können. Seminare zu vielen unterschiedlichen Themen bieten Ihnen die Möglichkeit Ihre Qualifikation zu vertiefen. Und – wer weiß – vielleicht leiten Sie später einmal Ihren eigenes Unternehmen?

Haben wir Ihr Interesse geweckt? Dann bewerben Sie sich bei uns – wir freuen uns darauf, Sie und Ihre Zukunftspläne kennen zu lernen!

Wie auch immer Sie den Start in Ihr Berufsleben gestalten – wir drücken Ihnen die Daumen für eine viel versprechende Zukunft!

Ihr Volker Müller
Vorstandsvorsitzender der expert AG

„Faszination Elektrotechnik" – ein Gespräch mit Gerald Brietzke

Ob jemand den Job haben will, oder nicht, bemerke ich daran, ob jemand eine Leidenschaft entwickelt und dafür brennt. Er oder sie kann mir mit seiner Persönlichkeit deutlich machen, dass er sich jeden Tag dieser Herausforderung stellen kann. Nur wenn es mir gelingt, diese „Flamme" im Gespräch mit dem Bewerber zu entfachen, ist er ein interessanter Kandidat und kommt für ein weiteres Gespräch in die engere Auswahl. Das passiert bei Leuten, die sich mit den Berufsbildern der Elektrotechnik auseinandergesetzt haben. Solche, die sagen, dass sie sich eben nicht den ganzen Tag über im Büro wohlfühlen können. Es sind die Bewerber, die etwas aktiv angehen möchten.

Gute Mitarbeiter/-innen zu finden ist nicht so leicht. Es reicht nicht aus, einfach nur ein Zeugnis auf gute Noten zu durchsuchen. Viel, viel schwerer ist es für uns herauszufinden, ob zukünftige Azubis für die Technik und die Dienstleistung „brennen".

Das Berufsfeld der Elektrotechnik bietet gerade jungen Menschen enorme Entwicklungschancen. Und das Zauberwort ist tatsächlich die eigene Motivation! Wer motiviert und fleißig ist, der kann alles erreichen!

Wenn man begriffen hat, wie Handwerk funktioniert, dann kann man in allerkürzester Zeit eine fantastische Karriere gestalten. Ich möchte dies noch einmal betonen: Nur wenn man sich vor dem Bewerbungsgespräch gut informiert hat, kann man ermessen, wie attraktiv tatsächlich das Handwerk ist. Das Handwerk hat viel Tradition, genießt große Anerkennung und hat beste Zukunftschancen!

Das Interessante an unserer Branche ist die schnelle und rasante Entwicklung neuer Techniken und Geräte. Die Mitarbeiter unserer angeschlossenen Unternehmen werden ständig weiter geschult und bilden sich fort. Jemand, der bei uns arbeitet, muss Technik interessiert sein. Er muss sich jederzeit mit neuen Technologien, Produkten und verschiedensten Aufgaben auseinander setzen, um dem Kunden stets ein kompetenter Ansprechpartner zu sein und seine Wünsche zu erfüllen.

Aus unserer Sicht ist ein guter Mitarbeiter einer, der mit Freude bei der Arbeit ist, der Produkte und Menschen liebt, der motiviert und im Ergebnis erfolgreich ist. Wir haben ein sinnvolles Weiterbildungs- und Motivationssystem, wie es kein zweites in der Branche gibt!

Es gibt viele Beispiele von Mitarbeitern und Mitarbeiterinnen in unseren Unternehmen, die sich trotz schlechter Voraussetzung dann aber im Sinne einer zweiten Chance sehr gut entwickeln konnten. Hier möchte ich ein Beispiel nennen: Es wurde ein Berufsausbildungsabbrecher eingestellt, der die Ausbildung zum Elektriker angefangen und aus gesundheitlichen Gründen die Ausbildung hat abbrechen müssen. Er durchlief dann die Ausbildung zum Industriekaufmann. Und schon im dritten Ausbildungsjahr konnte man bei ihm erkennen, dass er neben seinem kaufmännischen Talent noch sehr viel mehr Interesse und Fähigkeiten in Richtung Führung und Betriebswirtschaft bot und weiterkommen wollte. Wir haben diesen Mitarbeiter nach seiner Ausbildung durch unsere eigene Akademie gefördert und er hatte sich im ersten Schritt zum Bereichsleiter qualifiziert. Mittlerweile führt er selbstständig eine Niederlassung und ist sehr erfolgreich.

Umgekehrt erleben wir es, dass wir Auszubildende einstellen, die mit sehr gutem Abitur oder besten Noten zu unseren Unternehmen kommen. Von der Papierform müsste man davon ausgehen, dass solche Auszubildenden die besten Zukunftschancen im Handwerk haben müssten. Leider ist es so, dass es tatsächlich auch Abiturienten gibt, die die gesetzten Anforderungen nicht umsetzen können.

Bei uns kommt es natürlich auch auf Bildung an; - aber das ist aus unserer Sicht nicht Alles! Fachkompetenz durch Ausbildung kann man erwerben, aber die Einstellung und die Freude zum Beruf, zum Team und zu den Kunden, die muss man haben!

„Ein Autoverkäufer muss sein Auto ja nicht bauen können, um es verkaufen zu können!“

Ein Erfolgsrezept bei den Unternehmen der expert Technik ist, dass Sie dem Kunden zeigen, dass er willkommen ist und er einen äußerst kompetenten Partner auf seiner Seite hat. Viele namhafte Kunden entscheiden sich immer wieder für ein Unternehmen aus unserer Gruppe, dass motivierte Auszubildende und Fachkräfte gleichermaßen und gibt zudem Sicherheit.

Kontinuierliche Schulungsmaßnahmen und ein permanent offenes Ohr für die Mitarbeiter sprechen für sich, oder?.

Die Unternehmen des expert Technik Verbundes stellen im Jahr sehr viele Auszubildende für ganz Deutschland ein und führen viele hundert Bewerbungsgespräche. In der Regel kommt auf drei Einstellungsgespräche ein Ausbildungsvertrag zustande. Was mich bei Bewerbungsgesprächen am meisten interessiert, ist der Mensch hinter der Bewerbung. Es ist in der Tat so, dass nahezu jeder Bewerber auch zum persönlichen Gespräch eingeladen wird. Die einzigen, die nicht einladen werden, sind solche, die unentschuldigte Fehlzeiten auf den eingesandten Zeugnissen haben.

Unentschuldigte Fehlzeiten tolerieren wir nicht!

Fehlzeiten sind ganz normal, aber unentschuldigte Fehlzeiten zeugen von Unzuverlässigkeit, und das akzeptieren wir nicht! Ansonsten hat jeder die gleichen Chancen, sich bei uns vorzustellen.

Lernen und gute Noten sind zwar wichtig, uns ist es aber lieber, dass wir einen freundlichen und netten Mitarbeiter gewinnen können, der sich mit einer 4 in Mathematik bewirbt, als einen Mathe-2-Schüler, der unfreundlich oder arrogant wirkt.

Jemand, der bei uns arbeiten möchte, sollte ein Mensch sein, der auf Menschen zugehen kann. Das Fachwissen bringen wir dem Bewerber in der Ausbildung bei, das ist unser Auftrag, die Freundlichkeit und gute Umgangsformen bringt er selber mit.

Aufgeschlossenheit, Freundlichkeit und Umgangsformen erkennen wir schon daran, wie uns jemand im Einstellungsgespräch entgegen tritt. Kann der Bewerber freundlich grüßen? Nimmt der Bewerber vor dem Gespräch seine durchaus modische Kopfbedeckung ab? Spricht die Person verständlich und deutlich? Denn Sprechen und Sich-darstellen-können ist das Grundwerkzeug des miteinander arbeiten.

Leider ist es oft so, dass Bewerber zu uns kommen und sich noch nicht einmal über das Berufsbild z.B. des Elektronikers informiert haben. Sie wissen einfach gar nicht, was alles auf sie zukommen wird. Wir erleben auch immer wieder, dass sich sehr verschlossen wirkende Menschen bewerben, die niemals Spaß an einer Tätigkeit finden können, die so viel Kontakt mit Menschen und modernster Technologie mit sich bringt.

Wer gerne für andere Menschen eine Dienstleistung erbringen will, wer aufgeschlossen auf Menschen zugehen kann, wer die neue Herausforderung liebt und neugierig auf Menschen ist, der ist bei den Unternehmen des expert Technik Verbundes immer und jederzeit herzlich willkommen!

Um es noch einmal deutlich zu machen: Wir legen sehr großen Wert auf ein gutes Betriebsklima! Wir glauben, dass unsere Kunden dies spüren. Der Kunde bekommt sehr gut mit, wie wir uns in der Zusammenarbeit ergänzen und verstehen. Dies bedeutet für uns alle, dass wir nicht nur den Kunden in seiner Einzigartigkeit sondern auch unsere Kollegen und Mitarbeiter respektieren und wertschätzen werden.

Wir gehen gerne in die Haupt- und Realschulen, um dort Menschen zu treffen, die mit Herzblut bei der Sache sein wollen. Wer erkennt, dass uns die Freundlichkeit und Begeisterung eines Mitarbeiters wichtiger ist, als seine Zeugnisnoten, der wird viel Freude bei uns haben!

„expert Technik Partner haben mit Auszubildenden aus Haupt- und Realschulen tatsächlich die besten Erfahrungen gemacht!"

Wir setzen auf diese bewährte Zusammenarbeit. Wer verinnerlicht hat, dass das Handwerk die besten Chancen bietet, der wird mit expert Technik und seinen Partnern einen großartigen und eigenen Entwicklungsweg gehen können. Karriere durch Leidenschaft.

Der, der will, der darf sich bei uns entwickeln. Wir unterstützen gerne. Getreu dem Motto: **„Jeder kann, aber niemand muss!“**

Lernen Sie wirklich aus Ihren Fehlern?

Sie kennen wahrscheinlich dieses Bild. Ein Kind fasst auf die heiße Herdplatte und verbrennt sich die Finger. Und dann wird es, so die Theorie, nie wieder auf die Herdplatte fassen. Irgendwie einfach, oder? Diesem Bild entsprechend benötigen wir nur genug heißer Herdplatten und eine Menge schmerzlicher Erfahrungen, und schon wissen wir, wie es (zu)geht im Leben. Rein statistisch gesehen verhält es sich 50:50 zwischen Gewinn und Verlust, zwischen Wohlempfinden und Schmerz, zwischen Glück und Unglück. Vorausgesetzt wir entwickeln uns fortwährend weiter. Dass dies nicht selbstverständlich ist, kann uns die Psychologie bestätigen. Da gibt es Menschen, die vor lauter Angst, einen Fehler zu machen, nichts mehr machen – das Leben verweigern. Und eigentlich kann man diese Menschen doch gut verstehen, oder?
Um noch einmal auf das Risikoverhältnis zurückzukommen: Bei einem Anteil von möglichen 50 Prozent Fehlerquote sollten wir erkennen, dass dies auch eine enorme Zeitverschwendung mit sich bringt. Die Hälfte unserer Zeit benötigen wir, um herauszufinden, was falsch, wirkungslos und enttäuschend ist.

Statt nun zu lernen, was alles nicht funktioniert oder schmerzhaft ist, können wir auch gegenseitig voneinander lernen, was erfolgsversprechender für die eigene Entfaltung ist.

Sie haben Recht, wenn Sie einwenden, dass es keine Patentrezepte geben kann. Dies stimmt unbedingt! So verschieden jeder Einzelne ist, so verschieden sind die Lösungsansätze, die sich ein jeder erarbeiten muss. Dennoch gibt es Erfahrungswerte und Expertenwissen, welches wir nutzen können, um schneller und einfacher an unsere Ziele zu gelangen.

Nicht nur für die Jugendlichen und deren Eltern ist dieses Buch eine sehr gut zugängliche Orientierungshilfe, sondern auch für die, die schon längst in der Berufstätigkeit stehen, wird es ein sehr nützlicher Ratgeber sein, um wieder mehr Freude bei der „Arbeit" zu erlangen.

Beruf – eine Last oder eine Lust?

Es gibt kaum eine nachhaltigere und lebensbeeinflussendere Entscheidung als die Wahl der eigenen Berufstätigkeit. Jede noch so innige Partnerschaft kann man mehr oder weniger unbeschadet eingehen oder auflösen – bei der Berufstätigkeit geht das nahezu nicht! Bitte verstehen Sie das nicht als Aufforderung zu einer Einwegpartnerschaft – eingehen, nutzen, wegwerfen –, dies ist so weder sinnvoll noch erwünscht. Nur, in dem einen oder anderen Fall ist man selbst als Außenstehender dankbar, dass es die Möglichkeit einer Trennung gibt. Vor wenigen Jahrzehnten war dies nicht so *selbstverständlich* möglich. Die Berufswahl ist eher eine Entscheidung, die nur in den wenigsten Fällen korrigiert werden kann.

Häufig genug werden Schicksale berichtet, dass ein altersbedingtes Ausscheiden aus dem Beruf oder ein plötzliches Ende der Arbeitstätigkeit die jeweils Betroffenen in eine tiefe existenzielle Krise stürzt. Jetzt fragt sich so mancher Leser, wieso denn das? Die sollten doch froh sein, nicht mehr arbeiten zu müssen. „Rente erst ab 67 Jahren!" – wer will da noch auf dem Dachfirst als Dachdecker stehen? Aber vielleicht schafft Arbeit nicht nur Mühen, vielleicht stiftet sie auch Sinn?!

Die Berufstätigkeit macht uns im Wesentlichen aus. Sie schafft uns Möglichkeiten, unser Leben zu leben, es zu unterhalten, es zu entfalten. Mit Hilfe unserer Erwerbstätigkeit können wir ganz wesentlich unser Leben organisieren.

Demnach ist die Wahl des eigenen Berufes oder auch die Entscheidung zur Weiterbildung, zur Umschulung oder zur Selbstständigkeit wichtiger zu nehmen als die Entscheidung zu einem Partner.

Wenn Sie einverstanden sind, dann werden wir uns in diesem Buch als Erstes mit Ihren beruflichen Zielen auseinanderzusetzen haben. Dies betrifft sicher vornehmlich die jüngeren Leser und Leserinnen. Aber warum eigentlich nicht auch Sie, den bereits Berufstätigen? Vielleicht erkennen Sie noch Notwendigkeiten und Möglichkeiten einer Erweiterung Ihrer beruflichen Laufbahn?

Im nächsten Schritt erfahren Sie, *wie* Sie an Ihren richtigen Arbeitsplatz kommen. Wie und mit welcher Vorbereitung bringen Sie sich in die Gespräche ein, die über Ihre Entwicklung zu entscheiden haben?

Im dritten Block erhalten Sie viele Anregungen für die Freude in Ihrem beruflichen Alltag. Was können und was sollten Sie tun, damit die Arbeit nicht zu einem Joch wird? … Und vielleicht schlummert in Ihnen ein selbstständiger

Unternehmergeist? … Wir werden sehen!

Wie immer auch die Fragen an uns ausgehen werden, eines ist sicher: Das berufliche Leben, das berufliche Erleben hat Auswirkungen auf alles, was uns ausmacht. Auf unser soziales Umfeld, auf unseren privatesten Bereich bis hin zu unserem Innersten, der Seele!

Hat unser Beruf noch etwas mit Berufung zu tun? Das Wort *Berufung* klingt schon ziemlich idealistisch! Aber seit alters her hat ein jeder eine Berufung, etwas für sich und die Allgemeinheit zu tun, zu schaffen. Carl Gustav Jung (1875–1961), einer der Gründerväter der Psychoanalyse, glaubte, dass es für jeden Menschen ein Ziel sein müsse, zu entdecken, was seine Aufgabe (seine Berufung, Anm. d. Verf.) in diesem Leben ist.

Jeder Mensch wird, je komplexer die Gesellschaftsstrukturen sich gestalten, umso mehr seinen Beitrag zum Gemeinwohl erkennen müssen. Demnach kann es keine Aufgabe in der Gemeinschaft geben, die weniger oder mehr wert ist als die jeweils andere, oder? Was nutzt dem Herzchirurgen sein Skalpell, wenn er morgens nicht zur Arbeit fahren kann, weil sein Auto streikt? Wie erfolgreich ist das nobelste und teuerste Hotel am Platz, wenn es im Müll ertrinken muss? … Und der beste Koch könnte nicht erfolgreich kochen, wenn es nicht den Fernfahrer, den Gas- und Wasserinstallateur, die Putzfrau gäbe und sogar den Augenarzt, der ihm am Ende die Klarsicht ermöglichen hilft? … Selbst die Finanzbeamten und die Politiker tragen zum Gemeinwohl bei (auch wenn das nicht immer auf den ersten Blick erkennbar sein muss ☺). Sie sorgen dafür, dass die Gemeinschaft stark bleibt und nicht im Chaos versinkt.

Dies hat mit den Fähigkeiten und Begabungen des Einzelnen in Bezug auf die gesamte Gemeinschaft zu tun. Es geht um nichts weniger als um die eigenen Talente und um die Verantwortung für das Gemeinwohl – sich einzubringen in eine Gesellschaft. Wir sind abhängig voneinander, und wir können gar nicht ohne das Miteinander sein. In unseren Breiten kann ein einzelner Mensch nicht wirklich überleben. Wir sind aufeinander angewiesen.

Wer Leistung fordert, muss Sinn bieten

Vielleicht ist die Sinnhaftigkeit gleichzusetzen mit der Suche nach unserem Glück? Kann es sein, dass wir uns umso glücklicher bei der Ausübung unserer täglichen Arbeit empfinden, je mehr Sinn wir in der Arbeit erkennen können? Ganz sicher spielt neben dem *Sinn* auch die *Anerkennung* im Beruf eine entscheidende Rolle! Wahrscheinlich werden die meisten sofort hinzufügen: Die Anerkennung ist für mich die volle Lohntüte! Stimmt sicher – aber nicht ganz. Die Anerkennung, die ich hier meine, ist jene, die von ganz tief innen aus unserer Seele kommt. … Die Gesellschaft, die Leistung fordert, sollte uns Arbeitenden Sinn bieten. Aber wer wartet hier auf wen? Ich bin *ich*, und ich bin ein Teil der Gesellschaft! Wenn beides zutrifft, dann kann ich *nur* als Selbst, als Individuum, aktiv werden. Das Warten (als Teil der Gesellschaft) auf sich selbst wirkt paradox, oder?
Macht es Sinn, auf einen Menschen zu warten, der mir als Individuum durch sein Lob Anerkennung verleiht? Macht mich das Lob eines anderen glücklich? Noch besser: Kann ich nur durch das Lob des anderen (der Gesellschaft) froh und glücklich empfinden? Was wäre für mich als Mensch gewonnen, wenn ich begreifen würde, dass ausschließlich nur ich mich als Mensch vollends anerkennen und glücklich werden lassen kann? Ist das nicht wahrer Sinn allen Handelns?

Meine persönliche Zielvereinbarung

Die meisten Menschen glauben, sie würden alle ihre Ziele kennen: „Ich will gesund leben. Ich will gut aussehen. Ich will viel Geld verdienen. Ich will eine glückliche Partnerschaft …"
In diesem Kapitel werden Sie erfahren, warum solche Zielvorstellungen nicht ausreichend sind und daher eher bedeutungslos bleiben und sehr wahrscheinlich auch scheitern werden.

Sich Ziele zu setzen ist die Grundvoraussetzung, um zielgerichtet denken und handeln zu können.

Hiermit ist der Umstand beschrieben, dass es Menschen gibt, die überhaupt nicht wissen, was sie einmal erreichen möchten oder *wohin die Reise gehen* soll. Diese Menschen lassen sich buchstäblich treiben: mal hierhin, mal dorthin. Sie wirken wie eine Fahne im Wind. Sie schlagen jeden Tag eine andere Richtung ein.

Da gilt die alte Weisheit, dass ein schlechtes Ziel immer noch besser ist, als gar kein Ziel zu haben.

Im Ergebnis können Sie diese Menschen erleben als Menschen mit tausend Ideen, mit himmelstürmenden Gedanken – es wird nur keine Idee verwirklicht und kein Gedanke zu Ende gedacht. Diese Menschen sind immer *rastlos auf Reisen*, kommen aber niemals irgendwo an!
Am mangelnden Fleiß wird es bei diesen Menschen nicht fehlen. Wo diese Menschen wirken, da *staubt* es! Im Prinzip gibt es nur zwei Möglichkeiten, was solch Getriebene erreichen werden: entweder den körperlichen Kollaps oder den seelischen Zusammenbruch.

In dieser tragischen Situation, so empfiehlt es die alte Weisheit, ist es immer noch besser, erst einmal *ein* Ziel zu verfolgen. Selbst wenn es nicht das beste

Ziel wäre, so ist es immer noch besser, irgendwo anzukommen als nie etwas zu Stande zu bringen.
Und wenn Sie dann für sich beobachten, dass das bisherige Ziel wirklich nichts Gutes für Sie bringen wird, dann können Sie immer noch Zielkorrekturen durchführen!

Was ist ein Ziel?

Ein Ziel ist erst dann ein Ziel, wenn es unsere Wünsche, Aufgaben, Interessen und Bedürfnisse in klaren, präzisen Absichtserklärungen zum Ausdruck bringt. Ein Ziel ist immer eine Vorausschau in die Zukunft sowie eine Ausrichtung und eine Konzentration unserer Energien und Aktivitäten auf das, was erreicht werden soll. Wie bereits im oberen Kapitel ausgeführt, ist es bei Zielen nicht wichtig, *warum* Sie etwas erreichen wollen, sondern vielmehr *wozu*!

Erst wenn Sie wissen, *wozu* Sie Kraft und Schweiß opfern wollen, dann können Sie Ihre Kräfte bündeln. Und das Fantastische ist, dass Ihre bewussten Ziele, Ihre unbewussten Energien auf Ihr Handeln ausrichten! Ihr Unterbewusstsein wird wie von Geisterhand die wichtigen Entscheidungen und Weichenstellungen herbeiführen, damit Sie ankommen!

Ab wann existiert ein Ziel?

Viele glauben von sich, dass sie ihre Ziele ständig im Kopf, sozusagen bei sich tragen. Dies sei auch besonders praktisch, zumal so eine permanente Arbeit an den Zielen möglich sei.

Ziele existieren erst, wenn sie schriftlich erfasst werden!

Sie wissen auch, dass Gedanken flüchtig sind. Sie kommen und gehen, wie sie wollen. Und wenn es hart auf hart kommt, wie sollten Sie sich dann noch auf ein Ziel konzentrieren können, welches *nur flüchtig* existiert?

Sie werden feststellen, wie viel Arbeit es bedeuten kann, Ziele klar und präzise auf Papier festzuhalten. Aber dann werden Sie die wichtige Erfahrung machen, wie diese festgeschriebenen Zielvorstellungen eine eigene Dynamik gewinnen.

Übrigens: Auch ein Abgleich der Zielvorstellung mit einem (Teil-) Ergebnis ist erst bei schriftlicher Gegenüberstellung möglich.

Wie werden Ziele definiert?

Sie haben oben bereits einen ersten Hinweis erhalten. Es geht um präzise Absichtserklärungen. Wenn Sie z. B. das Ziel verfolgten, *gesünder zu leben*, wie präzise wäre dieses Ziel? Was kann *gesünder leben* alles bedeuten? Vielleicht möchten Sie mit dem Rauchen aufhören, vielleicht kein Fastfood mehr essen, vielleicht weniger Süßigkeiten naschen, vielleicht mehr Sport treiben ..., und was Ihnen noch so alles einfällt. Schon mit dieser kleinen Auflistung erkennen Sie, dass gesünder leben *alles* und *nichts* bedeuten kann, weil es nicht präzise genug definiert ist.

Schon die Absicht, mehr Sport zu treiben, ist ebenfalls völlig unpräzise. Möchten Sie mehr Tennis oder Fußball spielen, möchten Sie Rad fahren oder häufiger schwimmen gehen?

Präzisieren Sie bitte. Was möchten Sie genau? Beachten Sie, dass unpräzise Ziele immer daran scheitern, dass sozusagen die genaue Anweisung zum Handeln fehlt!

Also nicht: Ich will mehr Sport treiben. Sondern:
Ich will 15 Minuten pro Tag Rad fahren.

Ihre persönlichen Ziele

Probieren Sie es einmal aus. Nutzen Sie die nachfolgenden sechs Fragen, die Ihnen bei der Ausformulierung Ihrer Zielvorstellungen helfen sollen. Beziehen Sie Ihr bereits erarbeitetes Anlagenprofil bei Ihren Überlegungen mit ein.

Am besten ist es, wenn Sie mit Bleistift arbeiten. Dies hat den Vorteil, dass

Sie erst einmal alles aufschreiben können, was Ihnen so in den Sinn kommt. Anschließend können Sie immer noch das eine oder andere streichen.

> *Langfristig erreichen wir nur die Ziele, die wir uns vorgenommen haben!* (Henry David Thoreau)

Was will ich erreichen?

Formulieren Sie so präzise wie möglich!
Die Entwicklung Ihrer Zielvorstellungen ist keine spontane Aktion, sondern vielmehr ein spätestens jetzt beginnender Prozess. Durch das Aufschreiben Ihrer Vorstellungen schaffen Sie in Ihrem Kopf Platz für neue und/oder ergänzende Gedanken. Vielleicht träumen Sie plötzlich in den nächsten Tagen irgendwelche neuen Vorstellungen. Geben Sie ihnen Platz in Ihren Aufzeichnungen. Denken Sie ruhig Ihre Ideen analog aller sechs Fragestellungen durch. Aussortieren können Sie immer noch.

Wozu will ich es erreichen?

Was springt für Sie dabei heraus, wenn Sie Ihr Ziel erreichen? Wird das Erreichen des Ziels Sie verändern? Möchten Sie das?

Wie realistisch ist mein Ziel?

Bringen Sie alle Voraussetzungen mit, Ihr Ziel erreichen zu können? Wo stehen Sie heute, und wo möchten Sie hin?

Was benötige ich, um mein Ziel zu erreichen?

Was an Wissen, wie viel Power, wie viel Zeit benötigen Sie? Welche Unterstützung oder welche Begleitung ist vonnöten?

Wie will ich mein Ziel erreichen?

Alleine, mit anderen zusammen? In welchen Etappen denken Sie? Ist es z. B. besser, erst nach einer Berufsausbildung ein Studium zu beginnen? Benötigen Sie zum erfolgreichen Start Ihrer angestrebten Selbstständigkeit bestimmte Rahmenbedingungen, Geld, Kinderversorgung oder Ähnliches?

Wann soll mein Ziel erreicht sein?

Setzen Sie sich eine Deadline! Am günstigsten ist es für Sie, wenn Sie sich auch für Teilziele einen Zeitrahmen setzen.

Wer sein Ziel nicht kennt, kann auch keine Entscheidung über den Weg dorthin treffen.

Ein echtes Ziel ist: machbar, messbar und motivierend

Ein echtes Ziel ist machbar! Es ist messbar und motivierend. Machbar heißt: Es liegt in meinen Möglichkeiten! ... Wenn ich kein Abitur habe, dann kann ich nicht studieren. Messbar im Sinne von: Woran erkenne ich, dass ich Erfolge erreicht habe? Wann will ich Teilschritte verwirklicht haben? Wann werde ich fertig sein?

Selbst in der Bewerbungssituation: Machen Sie sich von Beginn an klar, welches Ziel sie verfolgen und durch welche Mittel und Wege sie diese erreichen wollen. In der Bewerbungssituation geht es natürlich darum, sich bestmöglich zu präsentieren, um dadurch den Job zu bekommen. Dabei hilft es, Zwischenschritte einzubauen, in denen man sich Teilziele setzt: Wann will ich das Bewerbungsschreiben fertiggestellt haben? Was benötige ich an Informationen? Wer beschafft mir bis wann welche Daten, welche Vorbesprechungen sind nötig? ... An wen muss ich mich wenden?

Im Prinzip sollte an jedes Ziel oder Teilziel irgendwann ein Haken gemacht werden können – sonst ist es kein Ziel.

Dabei kann es auch helfen, sich seine Ziele vorab aufzuschreiben und mit anderen darüber zu sprechen.

Und dass es motivierend sein soll, ist doch eigentlich klar. Bewerbe ich mich als Kindergärtnerin, mein eigentliches Ziel wäre aber, lieber ins Handwerk zu gehen, dann werde ich mein augenblickliches Ziel, nämlich Kindergärtnerin zu werden, nicht erreichen wollen, oder?

Meine persönliche Zielvereinbarung:

Motivation entsteht aus zwei Faktoren: zum einen aus einem situativen Anreiz, z. B. ein interessanter Job. Zum anderen entsteht Motivation durch die Aussicht auf Erfolg und Anerkennung.

> *Es genügt nicht, fleißig zu sein wie die Ameisen, frage vielmehr: Wofür sind wir fleißig?*

Prioritäten setzen durch die ABC-Analyse:

Am besten erstellen Sie sich eine Prioritätenliste und machen mit sich selbst einen Termin: am … werde ich … von ... bis …

A: Das **A**llerwichtigste zuerst. Sammeln Sie Informationen über Ihre favorisierten Berufe. Dies sind Aufgaben, die nur durch Sie selbst durchgeführt werden können und die Sie nicht auf die lange Bank schieben sollten.

Hierzu zählt beispielsweise eine Terminvereinbarung mit dem Berufsberater des Arbeitsamts oder auch der Besuch der Karrierehomepage eines potenziellen Arbeitgebers. Außerdem gibt es im Internet mittlerweile viele Recruting-Plattformen wie z. B. monster.de, meinestadt.de oder auch jobstairs.de, in denen Arbeitgeber ihre offenen Stellen bekannt geben.

B: Bedingt wichtige Aufgaben. Sie sollten eigentlich erledigt werden, lassen sich aber auch auf später verschieben oder delegieren. Wo gibt es Studienplätze, wie sind die Ausbildungsvoraussetzungen, welche berufliche Perspektive gibt es?

Dabei hilft es, im Internet zu recherchieren oder anderweitig Informationen zu sammeln, beispielsweise das Befragen von Bekannten etc., und im Anschluss auszuwerten. Auch diese Aufgaben können nicht unbegrenzt nach hinten verschoben werden, denn sie können schnell zu A-Aufgaben werden.

C: „**C**leinkram", also Routineaufgaben, mit geringster Effektivität und delegierbar. Klar, das Zimmer muss auch wieder aufgeräumt werden und Tante Else wartet auch auf einen Anruf. Das scheint zwar dringend, aber so wichtig ist es nun doch nicht.

Erstaunlicherweise verbringen wir die meiste Zeit mit C-Aufgaben!

Tragen Sie immer Ihre persönliche To-do-Liste mit sich. Darin sollten alle Aufgaben und Aktivitäten, die Sie heute bzw. in den nächsten Tagen erledigen wollen und müssen, aufgeführt sein.

Und weisen Sie diesen Aktivitäten eine Dringlichkeitsstufe nach dem Muster der ABC-Analyse zu.

Schärfen Sie die Säge

Ein Spaziergänger geht durch den Wald und begegnet einem Waldarbeiter, der hastig und mühselig damit beschäftigt ist, einen gefällten Baum in Stücke zu zersägen. Der Spaziergänger tritt näher heran, um zu sehen, warum der Holzfäller sich so abmüht, und sagt dann: „Entschuldigen Sie, aber mir ist aufgefallen: Ihre Säge ist ja total stumpf! Wollen Sie sie nicht einmal schärfen?" Darauf stöhnt der Waldarbeiter erschöpft auf: „Dafür habe ich wirklich keine Zeit – ich muss diesen Baumstamm bis zum Abend zersägen!" (Stephen R. Covey)

Oft glauben wir, dass wir die unwichtigen Aufgaben (C-Aufgaben) mal eben so nebenbei erledigen könnten. Und immer wieder stellen wir fest, dass wir nach dieser Arbeit viel getan, selten aber etwas erreicht haben. Und genau dieses Missverhältnis aus hohem Aufwand und geringer Befriedigung macht solche Arbeit so frustrierend. Schlimmer noch: Die wirklich wichtigen Dinge bleiben unerledigt. Die eigentliche Energie und Zeit ist aufgebraucht, die Motivation ist weg und die Ergebnisse sind mäßig. Der Druck und der davon ausgehende Stress der liegen gebliebenen Arbeit steigt ins Unerträgliche. Am Ende glauben wir sogar, dass wir nichts zustande bringen können. Wir versagen. Und warum? ... Weil wir die falsche Priorisierung vorgenommen haben.

Prioritäten setzen

Prioritäten setzen heißt, **Nein** sagen zu lernen und **Entscheidungen zu treffen**, wenngleich eine Entscheidung für das eine, eine Entscheidung gegen das andere bedeuten kann.

Prioritäten setzen kann schmerzen; im Nachhinein erweisen sich schwierige Entscheidungen aber häufig auch als erleichternd.

Prioritäten setzen heißt, ich habe jede Menge zu tun, wie immer, aber durch strukturiertes Vorgehen wird meine Liste Stück für Stück kleiner.

Prioritäten setzen heißt auch, **Beziehungen zu vereinfachen, Erwartungen zu senken** und **Aktivitäten zurückzuschrauben**.

Prioritäten setzen heißt, **Wichtigem den Vorrang** vor Unwichtigem zu **geben**.

Eisenhower-Prinzip

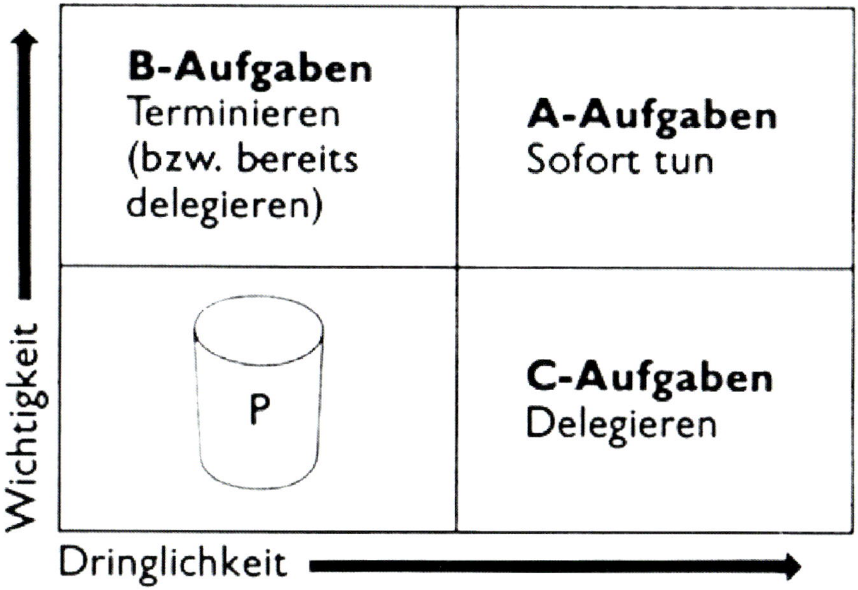

Produkte und Lösungen für Ihren Erfolg

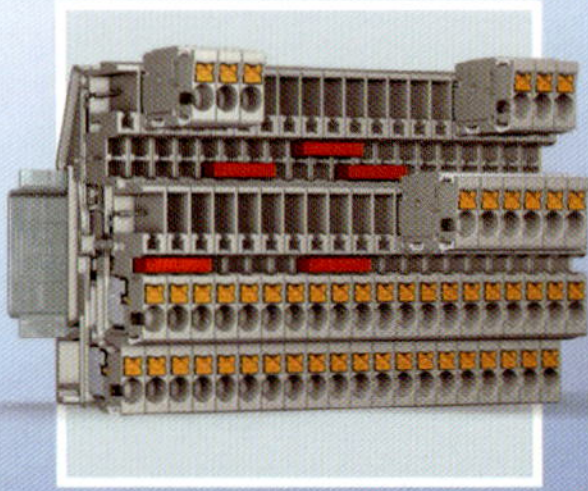

Reihenklemmen

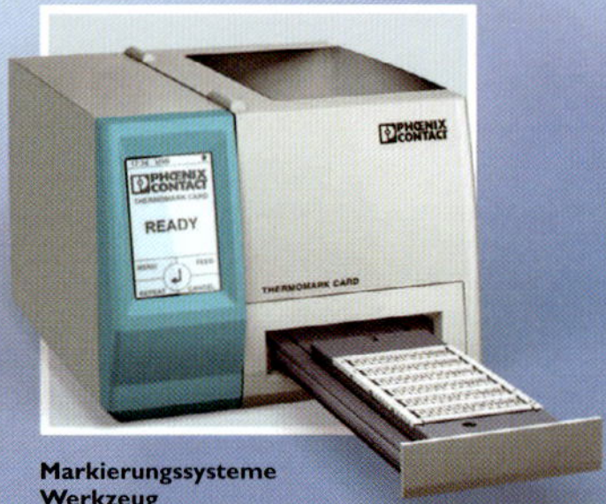

Markierungssysteme
Werkzeug
Montagematerial

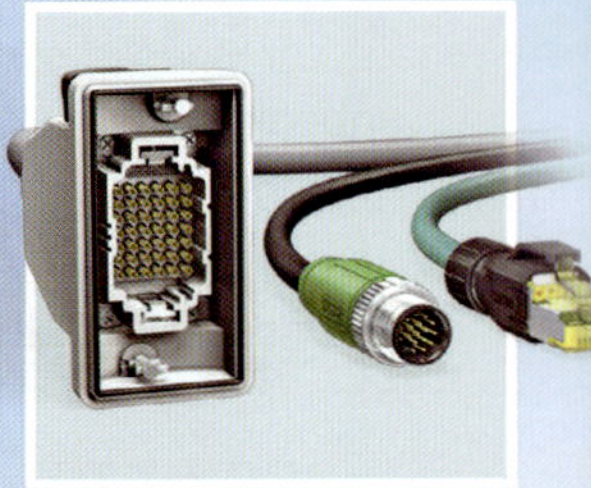

Anschlusstechnik für Feldgeräte und Feldverkabelung

Signalkonverter
Schaltgeräte
Stromversorgungen

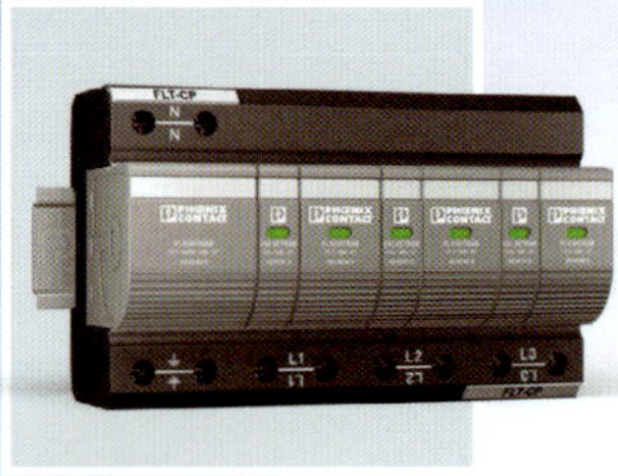

Netz- und Signal-Qualität

Geräteanschlusstechnik und Elektronikgehäuse

Automatisierungs-Komponenten und Systeme

Sie finden ein breites Spektrum an qualitativ hochwertigen und zukunftsweisenden Produkten bei Phoenix Contact.

Mehr Informationen unter
Telefon (0 52 35) 3-1 20 00 oder
phoenixcontact.de

PHOENIX CONTACT
INSPIRING INNOVATIONS

Geht da hin, wo eure Stärken sind!

Wenn du gut mit Menschen sprechen kannst, dann suche dir einen Beruf, wo du sprechen darfst! Werde Verkäufer oder Dienstleister! ... Dann gehe nicht unbedingt ins Büro an einen Schreibtisch.

Wenn du einen Blick dafür hast, was andere Menschen brauchen, dann ist vielleicht ein Beruf in der Pflege interessant. Oder vielleicht ist in einem anderen Beruf ein hohes Maß an Einfühlungsvermögen gefragt?

Wenn du jemand bist, der sehr detailgetreu arbeitet, dann suche dir einen Beruf, in dem es um Präzision geht.

Also packen wir es an – wir werden uns über unsere Stärken bewusst.

Denn wer seine Stärken kennt, weiß, in welchem Arbeitsumfeld er sich optimal entwickeln kann und welches seine Motivationsfaktoren sind.
Hierfür kann der Test ein hilfreiches Instrument sein, aber auch Gespräche mit Eltern oder Freunden werden interessante Erkenntnisse liefern.
Das DISG-Persönlichkeits-Profil zeichnet ein umfangreiches Bild unserer Potenziale. Die Analyse hilft Ihnen bei Ihrer Positionsbestimmung. Eine zu Ihrem Typ passende Berufsausbildung erhöht Ihre Motivation und Effektivität.

Erfolg hat nur, wer sich präsentieren kann

Was wird aus einer guten Idee, der besten Absicht, der größten Motivation, wenn sie nicht optimal präsentiert wird?

Es gibt großartige Erfinder, fantastische Denker, großartige Praktiker, die aber nur deshalb bekannt sind, weil sie sich präsentieren können. Stellen Sie sich vor, Sie haben einen wichtigen Verbesserungsvorschlag in der Teambesprechung Ihrer Abteilung zu präsentieren. Was würde aus dem Vorschlag werden, wenn Sie nicht in der Lage wären, Ihre Idee und Ihre eigene Person im rechten Licht zu präsentieren? Können Sie sich vorstellen, dass weniger wichtige Vorschläge deswegen mehr Beachtung finden, weil diese Ideen mit mehr Selbstbewusstsein und Leidenschaft vorgetragen werden? Stellen Sie sich vor, Sie sind bestens ausgebildet und können Ihre Leistungen und Ihr Engagement mit überdurchschnittlichen Zeugnissen und Beurteilungen belegen, dennoch wird es auf Ihre Fähigkeit ankommen, dies *ansprechend* zu präsentieren.

Und wenn sich nun die guten und sehr guten Schüler, Studenten und die sehr gut bewährten Mitarbeiter um ihr Auftreten und ihre Rhetorik bemühen, um wie viel mehr sollten sich die Übrigen bemühen, die keine so tollen Schulnoten oder perfekten Leistungen vorzeigen können?
Wenn ungünstige schulische Leistungen vorliegen, dann kann in einem Bewerbungsgespräch nur noch die eigene Persönlichkeit als solche den Ausschlag zum Erfolg geben. Aber was macht die eigene Persönlichkeit aus, und wie wird präsentiert?

Um es in anderen Worten zu sagen: Es ist für jeden Menschen wichtig, sich um seine Person und seine Entwicklung immer und immer wieder Gedanken zu machen, sich zu kultivieren, zu präsentieren und die richtigen Entscheidungen zu treffen.

Der Beginn der menschlichen Reife beginnt mit der Fähigkeit, über sich nachzudenken!

Welche Gedanken sollten Sie sich machen und um welche Entscheidungen wird es gehen? Bestimmen Sie mit Hilfe der nachfolgenden Seiten selbst. Erst wenn Sie sich selbst Antworten für Ihre Zukunft erarbeiten, können Sie für Ihre weitere Zukunft Entscheidungen treffen. Wer nichts entscheidet, trifft keine Fehlentscheidungen. Wer nichts macht, macht keine Fehler. So könnte man aus Vorsicht vor dem Leben erst einmal nichts unternehmen und abwarten, was sich wohl entwickelt.

Dies aber, eben nichts zu tun und nichts zu entscheiden, würde die *schlimmste Fehlentscheidung* und der *folgenschwerste Fehler* sein, den Sie begehen können.

Was bedeutet persönlicher Erfolg?

Erfolgreich können wir nur sein, wenn wir lernen, Verantwortung für uns selbst zu übernehmen. Erfolg bedeutet, mehr und mehr seine Ideen unabhängig zu verwirklichen! Möchten Sie auch eine starke Persönlichkeit sein, möchten Sie über eine positive Lebenseinstellung verfügen und möchten Sie, dass Sie gewinnend wirken?

Werden Sie aktiv!

Handeln Sie sofort. Was soll passieren, wenn Sie untätig bleiben? Nichts! Nichts von dem, was Sie erreichen wollen. Trägheit und Unentschlossenheit sind die größten Erfolgskiller. Jedes noch so geniale Ziel beginnt mit dem ersten Schritt. Werden Sie aktiv. Geben Sie Ihren Ideen Energie. Auch wenn Sie anfangs noch nicht direkt ernten können, bleiben Sie hartnäckig. „Gut Ding will Weile haben." Sie kennen diesen Spruch. Und er trifft die Sache auf den Punkt. *Tun* Sie es! Die Erfolglosen wollen auch alles erreichen – nur immer später. Bei den Erfolglosen bleibt das, was sie erreichen wollen, nur eine Fiktion, eine Idee im Kopf. Erfolgreiche Menschen beginnen mit allem, was sie erreichen wollen, ***sofort***. Sie werden Ihre Anerkennung ernten.

Geben Sie Ihr Bestes!

Ihr entschiedenes Wollen und Ihr Ehrgeiz lassen keine halben Sachen zu. Bestleistungen sind möglich, wenn Sie *Ihr Bestes* geben. Machen Sie aus Situationen und Aufgabenstellungen stets das Beste für sich und andere.

Machen Sie das, was Sie tun, ein wenig besser als der Durchschnitt. Und Sie werden das Beste leisten und der Beste sein.

Ihre Probleme sind Ihre Chancen

Auch wenn Sie dies unter Umständen gar nicht so gerne hören bzw. lesen möchten:

Ihre Probleme gehören zu Ihnen! …
Es sind nicht zufällig Ihre Probleme!

Sicher, niemand möchte Probleme haben. Auch schon deswegen nicht, weil sie unangenehm sind und unser Leben mehr beeinflussen, als uns lieb ist. Und ein Zweites ist auch sicher:

Wir werden immer die gleiche Menge an Problemen haben!

Kaum lösen wir das eine, da kommt schon ein neues auf uns zu. Stellen Sie sich einmal vor, dass unsere Probleme uns gezielt herausfordern würden. Vielleicht *haben* wir dann unsere individuellen Herausforderungen nur dazu, um an ihnen zu wachsen. *Und im Ergebnis wäre Erfolg nur die Fähigkeit, Probleme lösen zu können.*

Die Welt, die Gesellschaft braucht Menschen, die keine Angst vor Herausforderungen (Problemen) haben, die Aufgabenstellungen lösen wollen. Probleme lösen können, das ist Erfolg! Probleme lösen können, heißt Reifung! Wenn es keine Probleme gäbe, dann hätten wir keine Chance, erfolgreich zu sein, oder? ***Erfolge sind gelöste Probleme***. Solange wir leben, so lange werden wir Probleme haben. Alle Probleme bleiben gleich. Es ändern sich nur die Strategien und Techniken der Bewältigung. Überall und immer werden Menschen händeringend gesucht, die Probleme lösen können! Werden Sie ein Spezialist für Problemlösungen.

Sie wollen einzigartig sein
Verschaffen Sie sich Klarheit darüber, was Sie einzigartig macht. Was können Sie besser als andere? Was bieten Sie an, was andere nicht zu bieten haben? Was sind Ihre Begabungen und Fähigkeiten? Wo sind Sie besonders talentiert? Oder anders gefragt: Woran könnten Sie ab sofort hart arbeiten, um Ihre Einzigartigkeit auszubauen?

Leuchten Sie nachts im Dunkeln?
Was macht Sie aus? Diese Frage aus dem kleinen letzten Unterkapitel wirkt sehr simpel und ist aber bei näherer Betrachtung die Frage, um die es im Leben des Menschen als Individuum zentral geht.

Aus diesem Grund möchte ich dieser beinahe unscheinbaren Frage noch einmal nachgehen. Was macht mich besonders? Welche Eigenschaften oder Eigenarten machen mich einmalig?

Vor einigen Jahren erhielt ich während eines zweitägigen Seminars in einem mittelständischen Unternehmen die schönste Antwort auf diese Frage: „Was macht Sie aus?"

In diesem Seminar ging es unter anderem um Kommunikation und Kundenorientierung. In mehreren Arbeitsgruppen wurden verschiedene Grundsatzfragen zu Produkten, dem Unternehmen und den Mitarbeitern erarbeitet.
Und so war eine Gruppe mit der Frage beschäftigt, welche Besonderheiten dem Kunden in der Zusammenarbeit mit den Mitarbeitern geboten werden kann.

Interessant ist, dass im Marketing der Begriff des *Alleinstellungsmerkmals* nur für Produkte, wenig für Unternehmen und überhaupt nicht für Menschen herangezogen wird. So ist beispielsweise ein Patent ein klassisches Alleinstellungsmerkmal für ein Produkt. Stellen Sie sich vor, es gäbe eine Kaffeetasse mit drei Henkeln. Und würde dieses Produkt nur von einem Hersteller produziert, dann wäre diese Produkt *Tasse* ein Alleinstellungsmerkmal für diesen Hersteller. Würde dieses Unternehmen diese Tasse auch noch in einem bisher nie dagewesenen Verfahren herstellen, so wäre dieses Verfahren ebenfalls ein Alleinstellungsmerkmal für das Unternehmen. Oder die Art und Weise der Mitarbeiterführung oder Mitbestimmung könnte in diesem Unternehmen einmalig und damit ein Alleinstellungsmerkmal sein.

In diesem oben erwähnten Seminar ging es nun konkret um die Entwicklung *unserer persönlichen Alleinstellungsmerkmale*. Vielleicht wirkt diese Wortschöpfung auf Sie zu technokratisch? Ziel dieser Entwicklung der persönlichen Alleinstellungsmerkmale war die mindestens gleichwertige Gegenüberstellung der Ergebnisse mit denen aus produkt- und firmenbezogenen Alleinstellungsmerkmalen. Denn in jedem Unternehmen wird an der Positionierung des Unternehmens und der Produkte am Markt fortwährend gearbeitet. Oft wird dabei der einzelne Mitarbeiter in seinem Verhältnis zum Kunden schlichtweg übersehen.

Nachdem die ersten beiden Gruppen ihre Ergebnisse vorgetragen hatten, kam die dritte Gruppe an die Reihe. Ein Kollege aus diesem Team nahm einige Kärtchen und stellte einzeln die gefundenen Attribute vor: Da wurden Nennungen wie *Fleiß, Sorgfalt, Ausdauer* und *Ehrlichkeit* vorgestellt. Und wenn ich ehrlich sein darf, ich hörte nichts Unerwartetes, alles Bisherige entsprach dem Üblichen.

Aber dann: Mitten in seiner Präsentation stockte dieser Kollege und hielt inne. Er legte seine Kärtchen beiseite und stand noch einen Augenblick lang wortlos da. Dann sagte dieser Mann: „Ich bin ein Leuchtturm!" Erst noch recht zögerlich, dann wiederholte er den Satz deutlich lauter: „Ich weiß es, ich bin ein Leuchtturm!"

Einige der anderen Teilnehmer reagierten irgendwie amüsiert. Er sprach weiter: „Ich stehe fest in der Brandung. Und wenn man vor lauter Gischt die eigenen Hände nicht mehr vor Augen sehen kann, dann gebe ich den Menschen, die mir nahe sind, Orientierung. Bei Wind und Wetter stehe ich gerade und weiche keinen Millimeter. Meiner Familie, meinen Freunden und meinen Kunden bin ich fester Halt!"

Stellen Sie sich bitte einmal vor, wen Sie plötzlich vor sich sähen, wenn Sie einen Menschen treffen würden, der von sich sagt, dass er ein Leuchtturm sei?

Und wenn ich damals einen Hut im Seminar dabei gehabt hätte, ich hätte ihn sofort vor diesem Mann gezogen. Schöner, dichter, vielleicht sogar poetischer hätte die Antwort nicht sein können.

Das sind Momente, in denen keiner mehr lacht, niemand mehr grinst. Mir lief damals die Gänsehaut rauf und runter. Und das tut es auch heute noch, wenn ich in Seminaren über dieses *wunderbare* Erlebnis berichten darf.

Na, wollen Sie wirklich einzigartig sein? – Was wäre, wenn Sie auch eines Tages zu dieser Fraktion der Leuchttürme gehören würden? Was in Ihnen hätte sich wie verändern müssen, damit Ihr Kopf Leuchtkraft gewinnt?

Ergänzen Sie Ihr Wissen

Mit Ihrem (Fach-)Wissen erhöhen Sie Ihr Selbstvertrauen. Ihre wachsenden Fähigkeiten entwickeln Sie. Erfolgreiche Menschen wissen, dass ständige (und immer schneller sich ergebende) Veränderungen ein reges Mitdenken und eine Offenheit für Neues erfordern. Bleiben Sie sozusagen fit im Kopf! Und stellen Sie sich in Ihrem Leben auf ständigen Wandel ein. Heute ist kein Auszubildender und kein Student nach Abschluss der Lehre fertig. Selbst die Menschen, die längst im Berufsleben stehen, werden sich fortwährend weiter entwickeln *müssen*!
Denken Sie nur einmal zum Beispiel an die EDV und die stetig sich weiterentwickelnde Software. Ihre Kenntnisse, auch wenn Sie heute aktuell auf dem besten Stand wären, sind in zwei bis drei Jahren nur noch etwas wert, wenn Sie sie fortentwickeln.

Tun Sie das gerne, was Sie tun

Alles, was Sie mit Freude angehen, fällt Ihnen leichter. Vielleicht wenden Sie ein, dass es auch unangenehme Dinge gibt, die Sie einfach tun müssen. Aber was heißt hier *müssen*? Warum können wir nicht auch *unangenehme* Aufgaben einfach akzeptieren und als Erstes erledigen wollen?

Denken Sie doch einmal schon vor Beginn einer *ungeliebten* Aktion an das *furiose* Ende. Und vielleicht lächeln Sie bei Ihrem Tun? Und stellen Sie sich vor, Sie lösen diese Aufgaben (durch Freude) deutlich besser als sonst. Das ist erfolgreiches Handeln!
Wie soll etwas gelingen, das Sie nicht gerne machen? Bewerten Sie Ihre Aufgaben nicht negativ, sondern positiv, und es geht Ihnen leichter von der Hand.

Wer sich verkaufen kann, der wird zum Macher

In diesem Kapitel über die *Notwendigkeit der Selbstpräsentation* und *die Bedeutung des eigenen Erfolges* erhalten Sie ein Hauptmotiv und eine kurze Verfahrensanweisung zur weiteren Arbeit mit diesem Arbeitsbuch. Sie werden feststellen, dass die sechs Anweisungen zum Erfolgreichwerden Grundvoraussetzungen sind, damit Sie in eigener Sache aktiv werden können. Erst nach Erfüllung dieser Voraussetzungen kommen Sie dann irgendwann in die Situation, dass Sie Ihr Erarbeitetes und sich als Person anderen Menschen zu *verkaufen* haben.

Sich verkaufen müssen? – Haben Sie Zweifel, ob Sie das richtige Buch in den Händen halten? Wenn wir über *Verkaufen, Verkäufer* und *Verkäuferinnen* sprechen, dann werden sofort klischeehaft Bilder von Gebrauchtwagenhändlern und Kassiererinnen beim Supermarkt assoziiert.

Sie können es beobachten, dass kaum jemand, der im Verkauf oder im Vertrieb arbeitet, *nur* Verkäufer oder Verkäuferin sein möchte. Selbst dann nicht, wenn er oder sie wirklich hochwertige Ware oder Dienstleistung anzubieten hat.

Häufig, wenn von *sich verkaufen* gesprochen wird, kommen Befürchtungen auf, es werde abverlangt, die *eigene Seele* für ein Ziel *verkaufen* zu müssen. Sie werden feststellen, dass das Sich-verkaufen-Können etwas völlig anderes beschreibt.
Hier geht es um die Fähigkeit, das eigene Wissen um seine Fähigkeiten, Eigenheiten und Stärken optimal in die Waagschale zu legen, wenn es um Entscheidungen geht, die Sie beeinflussen möchten.

Was ist verkaufen?

Verkaufen ist zielgerichtete Kommunikation!

Sie sprechen mit einem Freund oder einer Freundin und möchten sich für den Abend verabreden. Sie *verkaufen* Ihre Idee eines gelungenen Abends. Vielleicht sitzen Sie in den nächsten Tagen mit Ihrem Partner zusammen und planen Ihr Urlaubsziel. Ihr Partner möchte in die Alpen fahren, Sie ans Meer. *Sie sind in einem Verkaufsgespräch*. Wenn es Ihnen in diesen Beispielen nicht so sehr auf das Ergebnis ankommt, dann überlassen Sie es dem Zufall, was als Gesprächsergebnis herauskommen wird. ... Und der Urlaub ist sowieso nur schön, wenn Ihr Partner dabei ist. Auch hier würden Sie zur Not mit in die Berge zum Wandern fahren. Aber stellen Sie sich vor, Sie wollten eine Sache *unbedingt* erreichen. Was wollen Sie dann mit dem Zufall anfangen? Für Sie wäre es wichtig, durch professionelle Gesprächsführung an Ihr Ziel zu kommen. Und darum geht es in einem Verkaufsgespräch.

Oft wird im Zusammenhang mit Verkaufen von Manipulation gesprochen. Ist dies so richtig? Jeder Mensch manipuliert jeden, ob bewusst oder nicht. Ein anderes Wort für Manipulation könnte auch *Beeinflussung* sein. Sie kommen in einen Raum, der mit Menschen gefüllt ist: Sie beeinflussen die Menschen, und die Menschen beeinflussen Sie. Vielleicht gibt es einige, die geschickter als andere beeinflussen.

Ein *Verkäufer* (wenn er gut ist) kann Menschen beeinflussen, etwas zu tun oder zu lassen, weil er dem Kunden, also seinem Gegenüber, Nutzen stiftet und sich präsentieren kann.

Interessant ist bei allen Klischees, dass die Wirtschaft zu allen Zeiten, auch jetzt in der angespannten Arbeitsmarktsituation, genau solche Menschen sucht, die sehr gut *verkaufen* können.
Es gibt viel zu wenige gute Verkäufer! Zwar reden die meisten gerne und viel – aber sie verkaufen nichts. Sie hören nicht genügend zu, sie kennen ihre Kunden und deren Bedürfnisse nicht, sie kosten viel Geld und fahren teure Autos, und die Schlechten unter ihnen sind viel zu laut.

Wenn Verkaufen zielgerichtete Kommunikation ist, dann ist jeder Mensch ein Verkäufer bzw. eine Verkäuferin. Eine interessante Fragestellung ist dann: Gibt es überhaupt eine Kommunikation, die nicht zielgerichtet ist? Und wenn ja, wozu?
Ihr Einstellungsgespräch wird bei Ihrem zukünftigen Arbeitgeber ein zielgerichtetes Gespräch sein. Sie möchten einen Ausbildungsplatz oder einen Studienplatz an einer Universität, dann sollten Sie gut vorbereitet und in der Lage sein, dieses Gespräch entsprechend zielgerichtet zu führen, um erfolgreich zu sein.

Während diese Zeilen hier entstehen, wurde entschieden, dass über die Zentralstelle für die Vergabe von Studienplätzen (ZVS) nur noch 30 Prozent aller Vergaben stattfinden werden. Denn zukünftig treffen die Universitäten zu 70 Prozent ihre Aufnahmeentscheidungen selbst. Ein weiterer Grund, um sich mit dem Nachfolgenden auseinanderzusetzen, damit Sie das erreichen, was Sie erreichen möchten.

Für den ersten Eindruck gibt es keine zweite Chance

Die Außenseite ist das Titelblatt des Inneren.

Die Bewerbungsmappe hat überzeugt und der Vorstellungstermin ist vereinbart. Der erste wichtige Schritt in Richtung Ausbildung ist geschafft.

Das Vorstellungsgespräch ist aber dann die schwierigste Hürde für den Bewerber. Was jetzt zählt ist Ihre Persönlichkeit.

Wirken Sie sympathisch? Können Sie zuhören? Und sind Sie der/die Richtige für dieses Unternehmen?

„Na, wie war der junge Bewerber", wird der Kollege nach dem Bewerbungsgespräch gefragt. Meinen Sie, die Antwort lautet etwa so: „Er ist 1,80 m groß, schlank und hat blonde Haare, er hat mich freundlich begrüßt, hat gute Umgangsformen, ist rhetorisch geschult, spricht ohne Dialekt und er roch auch angenehm"?
Vermutlich wird er die Antwort erhalten: „Macht auf Anhieb einen ganz sympathischen Eindruck."
Bei einer gegenteiligen Meinung sähe die Formulierung vermutlich so aus: „Ein unsympathischer Typ, ich kann dir sagen. Stell dir mal vor ..." Nun würden wahrscheinlich alle Punkte extra genau aufgelistet, die störend an dem jungen Bewerber aufgefallen sind.

Offenbar entscheidet sich beim Anblick einer Person in Sekundenbruchteilen, was wir von ihr halten. Der erste Eindruck wird tatsächlich zu 93 Prozent nonverbal, nichtsprachlich, also vom Gefühl in Sekundenschnelle bestimmt.

Wissenschaftler haben herausgefunden, dass beim Kennenlernen einer Person der Inhalt des Gesagten nur sieben Prozent seiner Glaubwürdigkeit ausmacht. Viel stärker gewichtet wird die Art, wie jemand spricht und wie er sich ausdrückt. Dies macht bereits 38 Prozent aus. Noch verblüffender ist, dass Kleidung und Körpersprache erstaunliche 55 Prozent ausmachen.

Der Primacy-Effekt

*„Man kann nicht **nicht** kommunizieren!" (Paul Watzlawick)*

So wird der erste Eindruck auch genannt, er beschreibt das Phänomen, dass die zuerst erhaltene Information die Beurteilung verhältnismäßig stark beeinflusst und der erste Eindruck im Sinne eines Vorrangeffekts für Bewertungen oft entscheidend ist. Wie oben erwähnt, entscheidet sich beim Anblick einer Person in Sekundenschnelle, was wir von ihr halten. Es ist wie mit der „Liebe auf den ersten Blick". Insgesamt werden also die erste und letzte Information, die man über jemanden erhält, deutlich stärker wahrgenommen. Sie spielen bei der Urteilsbildung eine besonders wichtige Rolle.

Grundlagen der Kommunikation

Die Kommunikation ist bekanntermaßen die Verständigung zwischen Sender und Empfänger. Einfachstes Beispiel ist hier die Verständigung zwischen zwei Gesprächspartnern. Der eine sagt etwas, eine Nachricht, der andere hört zu. Dies ist die *verbale* Kommunikation.

Interessanterweise aber würden beide Partner auch etwas *sagen*, selbst wenn sie sich anschweigen würden. Denn nicht nur Worte, sondern Tonfall, Sprachtempo, Pausen, Lachen und Seufzen sowie Körpersprache, kurz: das ganze Verhalten, *sagen* etwas. Diese Art von Verständigung wird nonverbale (nichtsprachliche) Kommunikation genannt.

Die Beteiligten könnten sich beispielsweise über eindeutige Zeichen verständigen. Ihr Gesprächspartner tippt mit dem Zeigefinger mehrfach an seine Schläfe und sagt dabei: „Ich gebe dir gerne mein Auto!" Sie würden sofort die nonverbale Botschaft verstehen: „Mein Auto? – Auf keinen Fall!"

Die Kommunikation ist immer ein Gemisch aus verbalen und nonverbalen Zeichen bzw. Botschaften. Da alles an Verhalten zwischen Sender und Empfänger *Mitteilungscharakter* hat und Verhalten nicht abgeschaltet werden kann, kommunizieren wir also immer! Handeln oder Nichthandeln, Worte oder Schweigen, alles transportiert eine Nachricht, die andere unweigerlich beeinflusst.

Die anderen können ihrerseits nicht *nicht auf diese Nachricht reagieren* und kommunizieren *zwangsläufig* mit.

Sie kommen auf einen Bahnsteig und erblicken einen Mann, der auf einer Bank sitzt und auf den Boden starrt. Damit *teilt* er Ihnen mit, dass er nicht angesprochen werden will. Und normalerweise werden Sie ihn auch in Ruhe lassen. *Sie haben kommuniziert*.

Dies bedeutet für uns, dass wir, sobald wir mit anderen Menschen in Kontakt treten, kommunizieren. Und dies geschieht unabhängig von Worten, Zeichen und einer möglichen Zu- oder Abwendung zum jeweiligen Gegenüber.
Es gibt viele Modelle, Kommunikation zu erklären. Und immer finden Sie Modelle, die eine bewusste und direkte Kommunikation beschreiben.

Kommunikation zwischen Menschen, zwischen Sender und Empfänger, läuft eben nicht direkt und bewusst ab. Vielmehr entdecken Sie bei genauerer Betrachtung, dass die Kommunikation auf Ebenen stattfinden *muss*, die sich dem direkten Denken und der Logik entziehen.

Im Folgenden beschreiben vier wichtige Prinzipien, was in der (erfolgreichen) Kommunikation mit unserem Gegenüber wirklich von Bedeutung und zu beachten ist.

Die Ebenen der Kommunikation

Jede Kommunikation verläuft nach Watzlawick auf zwei Ebenen, der Inhalts- und der Beziehungsebene. Diese Information hört sich zugegebenermaßen nicht besonders spektakulär an. Aber in der konsequenten Beobachtung ist hier sehr leicht zu erkennen, wie störanfällig unsere Kommunikation sein kann.

Sachfragen lassen sich leicht ansprechen. Mit ein wenig Übung können Sie nahezu jedes technische oder organisatorische Problem beschreiben. Und Sie erreichen meist auf dieser Ebene schnell Klarheit.

Die Beziehungsebene hingegen läuft weniger klar, sozusagen *subtil* nebenher mit ab. Leicht sind wir in Gesprächen zu irritieren. Oft sind wir mit der Frage beschäftigt, ob denn ein Gesprächspartner es mit uns ernst meint oder nicht.

Und wenn wir dann einen gefühlsmäßigen Eindruck gewinnen, so können wir ihn sehr schwer sachlich begründen oder beschreiben. Wir *fühlen* uns in einem Gespräch vom anderen gut oder weniger gut behandelt und verstanden.

In unseren Gesprächen können wir die Inhaltsebene wunderbar von allen Seiten her thematisieren, aber die Beziehungsebene können wir nahezu gar nicht ansprechen.

Stellen Sie sich vor, Sie würden fragen: „Mögen Sie mich?", was würde wohl Ihr Gegenüber von Ihnen dann denken? Und dies kennen wir alle selbst aus privaten Beziehungen. Spricht der eine von beiden betont die Sachebene und der andere spricht betont die Beziehungsebene an, so wird es kein *Zueinanderkommen* geben können. Und im Streitfall wirkt dies noch deutlicher. Nämlich derjenige, der rational logisch argumentiert, bleibt demjenigen, der die Beziehungsfrage thematisiert, immerzu überlegen.

Wie wichtig ist die Beziehungsebene wirklich? Diese Frage zu beantworten, fällt den professionellen Kommunikatoren nicht schwer. Auf den ersten Blick beantwortet ist für die meisten Menschen die Sachlage klar: Es geht um die Sache! Und der Rest ist irgendwie „Gefühlsduselei".

Denken wir uns einen Controller in einem Handelsunternehmen, der sich mit der Frage zu beschäftigen hat, was Inhalts- und Beziehungsebene mit dem Erfolg seines Unternehmens zu tun haben wird. Er hat gelernt, sich fast ausschließlich um Zahlen und um Kennziffern zu kümmern. Und nun wird er mit der Aufgabe betraut, er solle den Erfolg eines Internetverkaufsportals kalkulieren. Für ihn wird wichtig sein, die Kosten für die Erstellung und Pflege des Internetauftrittes mit den Kosten für Verkäuferinnen und Verkäufer im Innen- und Außendienst zu vergleichen. Dann wird er sicher argumentieren, dass die technische Lösung 24 Stunden am Tag einsetzbar und „gesundheitlich" weniger anfällig sei.

Stellen Sie sich vor, Sie würden mit diesem Mann über die Beziehungsebene in der Kommunikation sprechen wollen. Was käme dabei heraus? Sehr wahrscheinlich käme nichts dabei heraus. Denn *Inhalte* lassen sich kalkulieren, *Beziehungen* nicht.

Ein *Verkaufsprofi* würde an dieser Stelle seine Erfahrungen mit der Beziehungsebene in die Waagschale legen. Denn bis heute verkaufen die allermeisten Verkaufsportale im Internet nicht ausreichend, weil die Beziehungsebene fehlt!

Paradoxe Situationen

Das zweite wichtige Prinzip aus der Kommunikation ist das des Paradoxes. Damit sind folgende Situationen gemeint: Stellen Sie sich vor, Sie laden Freunde zu einer Party zu sich nach Hause ein. Und irgendwann klingelt es an der Türe. Sie öffnen, und da steht Ihr Freund im Türrahmen und sagt mit betrübtem Gesichtsausdruck: „Ich freue mich auf deine Party."

Rein von der Inhaltsebene her betrachtet, wäre die Lage eindeutig. Er sagt, dass er sich freut! „Na toll", denken Sie. Sie werden sich sofort fragen, was denn wohl passiert sein mag, obwohl die Sachlage doch so eindeutig formuliert wurde. Sie werden ihn womöglich fragen, ob er sich nicht wohlfühle. Und denken Sie sich, er würde antworten: „Wie kommst du darauf? Ich habe doch gesagt, dass ich mich freue!"

Oder ein anderes Beispiel: Stellen Sie sich vor, Sie hätten sich für Ihren Partner oder Ihre Partnerin beim Friseur für viel Geld wirklich schick machen lassen. Sie kommen nach Hause und fragen voller Stolz Ihren Partner: „Na, wie sehe ich aus? Gefällt es dir?" Und Ihr Gegenüber würde mit trübem Blick sagen: „Du siehst klasse aus." Was würden Sie denken?

Ein umgekehrtes Beispiel könnte der Arbeitskollege sein, den Sie ebenfalls eingeladen haben, der Ihnen mit strahlender Mine mitteilt: „Schade, leider kann ich nicht!" Sie stellen fest, dass die Aussage mit dem Bild des Aussagenden nicht übereinstimmt. Wie wichtig ist in diesen Beispielen der reine Inhalt der Aussagen?

Entscheidend ist, was auf der anderen Seite ankommt

Das dritte Prinzip ist leichter formuliert, als es zu beachten ist. Wir glauben viel zu oft, dass es allein schon ausreiche, etwas zu sagen. Wir gehen stillschweigend davon aus, dass der jeweils andere schon *höre*, was wir meinen.

Es kann sein, dass unser Gegenüber uns „verstanden" hat, es kann sein, dass er mit dem Gesagten „einverstanden" ist, er es „anwenden" und „beibehalten" wird, aber es kann eben nur sein! Wir, die Sender einer Botschaft, wissen es nicht.

Oft gehen wir aus Bequemlichkeit viel zu schnell von einer gegenseitigen Übereinstimmung aus.

Gute Kommunikation wäre hier, nachzufragen, was denn angekommen sei. Was wurde vom Empfänger der Nachricht wie verstanden? Nur wenn wir diesen Abgleich der Informationen durchführen, haben wir als Sender einer Nachricht die Chance, dass aus einer Botschaft mehr werden kann als nur eine bloße Absicht. Damit ist gemeint, dass immer wieder Menschen nach einem Missverständnis erklären, dass sie es doch eindeutig formuliert hätten. Ganz sicher haben sie sich Mühe gegeben. Aber was kommt nun dabei heraus? Die Absicht, es genau auf den Punkt zu erklären, lag vor. Aus irgendeinem Grund wurde der Sachverhalt z. B. durch Unaufmerksamkeiten auf beiden Seiten weder richtig vermittelt noch richtig verstanden. Vielleicht nuschelte der Sender, vielleicht war der Empfänger nicht bei der Sache? Im Ergebnis bleibt das Bemühen des Senders aber erfolglos.

Wenn wir uns ergebnisorientiert fragen wollen, was aus unserem Bemühen einer guten Verständigung wird, so werden wir nicht umhinkönnen, *nachzufragen*.

Zugegeben, Sie werden dies nicht bei jeder Nachricht, die Sie weitergeben, durchführen können. Aber vielleicht werden Sie sich angewöhnen, bei für Sie wichtigen Informationen für Ihr Gegenüber doch noch einmal nachzufragen, ob Sie sich *einig* sind? Denn der gute Wille allein zählt hier nicht. Fragen Sie nach: „Ich bin mir nicht sicher, ob ich diesen so wichtigen Punkt wirklich deutlich rübergebracht habe. Ist dieser Punkt für Sie so klargeworden?"

Gut machen – gut kommunizieren – erfolgreich kommunizieren, das zählt.

Die vier Arten der Wahrnehmung

Als wichtiges viertes Prinzip möchten wir die vier Arten der Wahrnehmung vorstellen. In diesem Modell geht es darum, dass jede Nachricht empfängerseitig in vier Aspekte „zerlegt" und analysiert wird.
Auch in diesem Modell begegnet uns wieder die Inhaltsebene, nämlich mit dem **ersten Aspekt** (dem Sach-Ohr): „Worum geht es hier?" oder „Was ist Sache?"
In der folgenden Grafik haben wir die Aspekte mit jeweils einem Ohr gekennzeichnet:

Der **zweite Aspekt** (das Appell-Ohr) befasst sich mit der Frage: „Was soll ich tun?" oder „Was erwartet der andere von mir?"

Der **dritte Aspekt** (das Selbstoffenbarungs-Ohr) will klären, was denn der Sender der Nachricht über sich selbst aussagen will. „Was soll ich hören, was soll ich an seiner Lage verstehen?"

Der **vierte Aspekt**, und hier bemerken Sie ebenfalls eine Wiederholung der zweiten Kommunikationsebene, ist die Frage nach der Beziehung: „Wie geht er/sie mit mir um? Ist er oder sie fordernd und womöglich distanzlos oder behutsam und freundlich? Geht der andere mit mir respektvoll um?

Ein kleines Beispiel verdeutlicht das theoretische Modell. Stellen Sie sich folgende Situation vor: Frau und Mann fahren Auto. Sie kommen an einer Ampel zum Stehen. Die Ampel schaltet auf Grün, und der Mann auf dem Beifahrersitz „bemerkt":

Betrachten wir dieses kleine Beispiel mit den vier Arten der Wahrnehmung, dann ergibt sich folgende Analyse:

Die Sachebene ist schnell klar, aber das ist auch schon das Einzige, was klar und eindeutig ist: „Die Ampel ist grün." Der Appell könnte lauten: „Gib Gas!" Über sich sagt der Sender in der Selbstoffenbarung womöglich aus: „Ich habe es eilig!" oder „Du fährst mir zu langsam!" Bis hin zur Beziehungsfrage könnte die Empfängerin verstanden haben: „Du brauchst meine Hilfe, schon weil du eine Frau bist und ich der Mann!"

Jetzt werden Sie einwenden, dass die letzten drei Aspekte „unseren Mann" hier mit keinem Wort erwähnt haben. Und Sie haben Recht!

Auch der Mann hätte Recht, wenn er dies der Frau gegenüber einwenden würde. Aber was würde ihm sein Rechthaben nützen? Wenn dieser Mann schlecht beraten wäre, dann würde er darauf bestehen, dass er nur gesagt habe, die Ampel sei grün – mehr nicht!

Sollte er sich mit erfolgreicher Kommunikation einmal auseinandergesetzt haben und würde er sich auf die Tatsache besinnen, dass es nicht darauf ankomme, was man (er) sagt, sondern was der andere (sie) hört: Dann hat er den richtigen

Schlüssel zur erfolgreichen Kommunikation in seinen Händen.
Fragen Sie nach! Sie bemerken dann in einem Gespräch plötzlich, dass der Gesprächspartner in seiner *Subjektivität* Sie anders verstanden haben wird, als Sie es beabsichtigten. Beachten Sie dann bitte, dass nicht der andere Sie falsch verstanden haben muss, sondern dass Ihr Gesagtes nicht richtig rübergekommen sein wird.

Wenn Sie erfolgreich kommunizieren möchten, dann ist und bleibt es unerheblich, wer wen nicht richtig verstanden hat, sondern es liegt ausschließlich beim Sender, sofern er das möchte, zu überprüfen, was an Inhalten und Verstandenem beim Gegenüber wie empfangen wurde.

Hieraus leitet sich ein ganz wichtiger Kernsatz ab:

Jeder Mensch hat ein Recht auf seine eigene Subjektivität!

Übungen:
Ordnen Sie einmal folgende Nachrichten den oben genannten Ohren zu: Ein Paar sitzt abends beim Fernsehen. Sagt der Mann: „Du, das Bier ist alle!" …

Ein Lehrer geht vom Lehrerzimmer durch den Flur zu seiner Klasse. Da kommt ihm ein aufgeregtes Kind entgegen und sagt: „Herr Müller, die Susi hat einfach ihren Atlas in die Ecke gefeuert!"

Energieeffizienz
Design
LED
Neugierde
Wir beleuchten jeden Weg.
Auch den in die Zukunft.
TRILUX AKADEMIE
FÜR NEUES LICHT
www.trilux-akademie.com/azubitag

Die Sache mit dem Eisberg

Als Grundlage aller neuzeitlichen Modelle, die beschreiben, wie der Mensch bzw. wie das Innerseelische funktioniert, wird häufig der sogenannte „Eisberg" zitiert. Auch wir werden diesen *Eisberg* bemühen, und Sie werden feststellen: Es funktioniert!

Sigmund Freud entdeckte bei den Hysterikern als Ursache der Erkrankung eine angestaute „emotionale Energie", die er für den betroffenen Patienten mit längst *vergessenen* seelischen Verletzungen in ursächlichen Zusammenhang bringen konnte. Zur Behandlung wurden die Kranken in Hypnose versetzt und dazu gebracht, sich an die traumatische Erfahrung zu erinnern und sie erneut zu erleben, zu durchleben, um durch dieses Wiedererleben die aufgestauten, meist sehr heftigen Emotionen abzubauen, die für die Symptome verantwortlich sind. So weit, so gut. Eine der wichtigsten Fragen war für Freud zu klären, warum die Patienten genau diejenigen Erlebnisse nicht spontan erinnern konnten, die sie am stärksten beeinflusst hatten. Es musste, so schloss er, eine innerseelische Begrenzung geben, zwischen direkt bewussten (denkbaren) und nicht bewussten (nicht erinnerbaren) Erfahrungen. Denn obwohl ein noch so erschütterndes Trauma (z. B. aus Kindertagen oder Kriegszeiten) selbst unter größtmöglicher gedanklicher Konzentrationsanstrengung des Patienten nicht erinnert werden kann, übt aber gerade dieses spezielle (nicht erinnerbare) Trauma seine verheerende Wirkung auf die Seele und den Körper des Patienten aus. Diese Beobachtung ließ den Schluss zu, dass alle persönlichen Erfahrungen entweder mit dem Attribut *erinnerbar* oder eben *nicht erinnerbar* in der Seele eines Menschen *abgespeichert* werden. Dies bedeutet, dass alle Eindrücke in der Menschenseele für immer vorhanden bleiben, mal für das Bewusstsein erinnerbar oder nicht erinnerbar. Diesen Effekt, des *gezielten Vergessens*, nannte Freud später Verdrängungsprozess.

Die Seele, so schloss er, entscheide unbewusst darüber, was ihr an Erinnerung nutzt und was weiteren Schaden verursachen kann oder wird. Das, was Schaden anrichten kann, wird ausgeblendet, wird *verdrängt*.

Bewusstes und Unbewusstes

Freud beschrieb seine Beobachtungen mit dem Modell eines Eisberges und führte den Begriff des Unbewussten ein.

Für Freud war der Eisberg ein treffendes Bild, weil das, was von einem Eisberg zu sehen ist, nur der kleinste Anteil ist. In diesem Modell gesprochen, symbolisiert der Eisberg die menschliche Psyche, von der nur ein Fünftel bewusst, sozusagen an der Oberfläche sichtbar, *erfahrbar* wird. Der größte Teil der menschlichen Psyche, nämlich vier Fünftel (oder 80 Prozent) seien dem Individuum nicht bewusst und entziehen sich dem (logischen) Denken.

Neuerdings liegt die gängige Größenvorstellung bei zehn Prozent bewussten und 90 Prozent unbewussten Anteilen der Psyche. Wir werden die zehn Prozent als gegeben annehmen, denn aus unserer Sicht ist es nicht entscheidend, ob wir mit ein paar mehr oder weniger Prozentpunkten arbeiten. Wichtiger ist vielmehr das Erkennen, dass es überhaupt eine solche relevante Größenverteilung gibt.

Freud zerlegte die Psyche in ein Über-Ich, das für den erhobenen Zeigefinger und Kontrollfunktionen zuständig ist, und ein Es, das ständig aktiv und sexuell erregt bleibt und unsere ganzen unbewussten Wünsche und Gefühle durchsetzen will. Zwischen beiden agiert ein verzweifelndes Ich, das sich redlich bemüht, uns halbwegs erfolgreich durch den Alltag zu navigieren, und ständig von beiden Seiten unter Druck gesetzt wird. Es und Über-Ich liegen natürlich irgendwo zwischen Trieb und elterlichen Ansprüchen in ständigem Clinch, das Ich als einsame Spitze des Eisberges (zehn Prozent) muss es ausbaden. Na dann: Herzlichen Glückwunsch!

Im Allgemeinen wird das Es dem Unbewussten gleichgesetzt und stellt sich dar, wie ein nicht fassbares Etwas, das im Traum komplett die Kontrolle übernimmt und sie im Wachzustand subversiv auch behält. Für Freud war das Unbewusste ein unfreundlicher Ort, an dem sich die Haken und Ösen unseres Lebens stapelten: all die ungelösten Probleme, Verletzungen, Neurosen und all unsere unbekannten Triebe. Häufig bringt das Es uns dazu, Dinge zu tun, zu denken, zu sagen, die wir uns und unserer Umgebung besser erspart hätten. Es verleitet uns, Beziehungen einzugehen oder zu kippen, Abhängigkeiten zu entwickeln und unsere Selbstsicherheit bei jeder unpassenden Gelegenheit aufzugeben. Es scheint ein rachsüchtiges Wesen zu sein, denn wenn wir seinen Wünschen nicht umgehend nachkommen, diese sozusagen „verdrängen", sorgt es dafür, dass wir nach einem unbestimmten Zeitraum die Auswirkungen umso deutlicher zu spüren bekommen, in welcher Form auch immer. Es ist der Teil des Freud'schen Psychologie-Eisbergs, der unterhalb des Wasserspiegels liegt.

Ein Weg, dem Unbewussten auf die Spur zu kommen, besteht in der Deutung von Träumen. Relativ genau definierte Muster und Bilder weisen nach Freud auf bestimmte Arten unterbewusster Phänomene hin. So gewinnen Patient und Therapeut den gewünschten Einblick in die Psyche und können einige Probleme erkennen, lokalisieren und womöglich abbauen. Neben der Traumdeutung nutzte Freud die freie Assoziation. Der Patient entscheidet in der Assoziation selbst über die Symbolbedeutung seiner geträumten Bilder und Geschichten.

Während für Freud wesentlich die Triebkraft der Sexualität in der Traumdeutung dominierte oder, anders gesprochen, die Freud'sche Symbolik in der Traumarbeit eine Sexualsymbolik war, entdeckte sein Schüler Carl Gustav Jung eine deutlich umfassendere Symbolik.

Das *Ich* kann nur aus dem *Es* erwachsen, es ist der handelnde und organisierende Teil des *Es*, allerdings mit der schweren Aufgabe, zwischen diesem und der Umwelt zu vermitteln. Es versucht sich in realistischem Denken und kontrollierten Handlungen, die in der Außenwelt ankommen, verstanden und akzeptiert werden. Damit wird das *Ich* zum Vollzugsorgan der Persönlichkeit. Das *Über-Ich* glaubt an Ideale. Es ist das personifizierte Gewissen, das je nach Umfeld und Erziehung die Wertmaßstäbe an die Handlungen des *Ich* anlegt. Sie können es sich als Ihre eigene Mutter, als eigener Vater vorstellen, aber zu Ihren vorwurfsvollen Zeiten. Das *Über-Ich* sucht nach Belohnungen, nach Stolz und moralischer Anerkennung.

Bilder der Seele

Neben Freuds berühmtem Schüler Alfred Adler (1870–1937), der in seiner Analyse der individuellen Entwicklung den Schwerpunkt auf das Minderwertigkeitsgefühl als motivierende Kraft im menschlichen Leben legte, ist noch ein weiterer Schüler, Carl Gustav Jung (1875–1961), zu nennen. Jung erweiterte die Arbeit von Freud auf dem Gebiet der Psychoanalyse, mit der Hinzunahme von archetypischen Bildern und einer wesentlichen Individualisierung der Bilder und deren Bedeutung auf den jeweiligen Patienten. Jung interpretierte emotionale Störungen als Versuch der Seele, persönliche und psychische Ganzheit zu erlangen. Das Unterbewusste als schwarzes Loch war ihm ebenfalls zu statisch, er wählte den Begriff des Unbewussten. Dieses Jung´sche Unbewusste ist nicht nur ein Ort der Leiden, sondern auch der Leistungen. Hier kann Wissen versteckt sein oder Intuition, Potenziale für größere Aufgaben oder Ideen, die es bisher nicht an die Oberfläche des Bewusstseins geschafft haben.

Eine der wichtigsten (für den Verfasser) Entdeckungen von Jung ist die der archetypischen Bilder in der Menschenseele. Damit beschrieb Jung Bilder und Farben, die bei allen Menschen rund um den Globus und quer durch alle Zeiten gleich „interpretiert" werden. Hierbei stützte er sich auf sein breites Wissen der Mythologie und der Geschichte, auf Erlebnisse während seiner Reisen zu verschiedenen Kulturen in Mittel- und Südamerika, Indien und Afrika und vor allem auf die Träume und Phantasien seiner einsam erlebten Kindheit. Archetypische Bilder sind Bilder, wie z. B. Feuer, Wasser, Erde, Steine und Luft. Ein wunderschönes archetypisches Symbol sind beispielsweise *Bäume* in den

Träumen und Mythen der Menschen. Der Baum steht für die (Ur-)Mutter, für die Mutter Natur, für das Mütterliche.

Es gibt einige mythologische Erzählungen von Baumgeburten, von Menschen, die dem Schoße eines Baumes entstammen. Und das Besondere ist, dass wir Menschen diese Symbolik nicht bewusst (also durch bloßes Nachdenken) dechiffrieren können. Solche Symbolik entfaltet sich unbewusst in Träumen, in Intuitionen und Gefühlen.

Für unsere Vorfahren bedeuteten Bäume entwicklungsgeschichtlich Schutz vor Beutegreifern, also einen Ort, der Sicherheit bot. Probieren Sie es einmal aus: Setzen Sie sich beispielsweise einmal unter einen Baum.
Vielleicht lehnen Sie sich gegen den Stamm und schließen die Augen. Wenn Sie möchten, dann achten Sie nun darauf, welche Gefühle oder spontane Gedanken Ihnen in den Sinn kommen. Vielleicht empfinden Sie auch nur eine tiefe Ruhe und Geborgenheit? Sie werden begeistert sein. Zur Gegenprobe versuchen Sie den gleichen Versuchsaufbau einmal auf einer großen Wiese. Sie werden sicher Unterschiede feststellen. Die spätere Entdeckung der Archetypen ist für unseren Eisberg insofern interessant, als dass Freud bei seiner Modellbeschreibung noch nicht wissen konnte, dass gerade das archetypische Symbol des Wassers bzw. der Wasseroberfläche in allen Träumen der Menschen genau die Grenze beschreibt, die das Bewusste vom Unbewussten trennt. Träumen Sie in der kommenden Nacht z. B. von einer Fahrt übers Meer und Sie fühlen sich wohl und sicher im Traum, so könnte dies ein wunderbares Zeichen einer gefahrlosen Berührung mit Ihrem Unterbewussten sein.

Oder stellen Sie sich vor, Sie schwimmen im Traum im Wasser und drohen zu ertrinken. Sie haben panische Angst vor dem Ende oder Angst vor Haien oder Seeungeheuern, dann ist dies vielleicht ein Hinweis auf Ihre momentane Situation, dass womöglich ein Eintauchen in das Unbewusste Sie augenblicklich nicht fördern, sondern vielmehr bedrohen würde.

Neue Perspektiven!
HEKATRON
Ihr Partner für Brandschutz
Alles Gute zum Jubiläum vom Kompetenzführer im Brandschutz
www.hekatron.de

Das kollektive Unbewusste

Und wer oder was entscheidet, was Sie träumen? Vielleicht ist es dieses kollektive Unbewusste, was Ihnen im Traum etwas zu „sagen" hätte?

Unter dieser Wortschöpfung, des kollektiven Unbewussten, versteht Jung eine Art Menschheitsbibliothek, zu der wir alle in irgendeiner Art Zugang haben. Es ist nicht nur geprägt von der eigenen Lebensgeschichte, sondern auch von den Erfahrungen sämtlicher Vorfahren!

Wir können das kollektive Unbewusste als einen Raum beschreiben, der sämtliches Wissen der Menschen umschließt und der uns allen offensteht; allerdings nur selten außerhalb eines Traums. In dem kollektiven Unbewussten sind nach Jung überlieferte Gefühle, Gedanken und Erinnerungen, die der ganzen Menschheit gemeinsam sind, abgespeichert.

Prinzipiell wirkt die Diskussion über das Unbewusste irgendwie absurd. Denn die meisten diskutieren etwas, was eigentlich im Wesen nicht diskutabel ist. Häufig treffen Menschen Mutmaßungen über ihr eigenes Unbewusstes, welches sie nicht kennen können. Oder häufig wissen wir über andere und deren unbewusste Motivationen so viel, ohne aber unsere eigenen Antriebe und unbewussten Anteile kennen gelernt zu haben. Es wird gerne für all das, was spontan keine Erklärung bietet, einfach das Unbewusste angeführt. Was hier wichtig zu erkennen und zu beachten ist, ist der Umstand, dass innerseelische und unbewusste Strukturen oder Anteile nur über einen großen Zeitaufwand und mit sehr vertrauten, qualifizierten und dennoch distanzierten Menschen erkannt werden können. Jung ging in seinem Bild von der Psyche der Menschen davon aus, dass im Unbewussten sozusagen eine reiche Schatzkammer des Wissens aus allen Zeiten (kollektives Unbewusste) und aller persönlichen Erfahrungen (selbst vorgeburtliche) einem jeden zur Verfügung steht.

So beschreibt Jung weiter, dass die Seele des Menschen grundsätzlich nur das eigene Heil vermitteln und erreichen will. Alle Träume, selbst wenn sie noch so grausig wären, möchten nur das eine: Bewältigung, Verarbeitung, Orientierung und Heil vermitteln.

Am Anfang war der Traum

Wir sprechen von Bewusstsein, Unbewusstem und kollektivem Unbewussten. Und die wenigsten können sich wirklich etwas darunter vorstellen. Dennoch – oder eben gerade angesichts dieses Umstandes – ist es so wichtig, aufzuzeigen, was denn ein 90-prozentiger Anteil des Unbewussten in der Psyche des Menschens für jeden Einzelnen selbst und für eine Gruppe von Menschen zu bedeuten haben wird.

Oder: Welche Auswirkungen hat denn ein kollektives Unbewusstes? Was ist für jeden Einzelnen im Alltäglichen so wichtig an diesen Jung'schen Erkenntnissen? Denn bloße Theorie hilft uns im Alltag nicht weiter; wichtiger ist es, dass uns dieses Erkennen jetzt und hier wirklich praktischen Nutzen bietet.
Wir wollen uns jetzt beim Eisberg auf den „Kopf" als Ort des Bewussten und den „Bauch" als Ort des Unbewussten verständigen. Sie kennen das sicher: Wenn ein wirklich evidentes Gefühl, wie z. B. das Verlieben, Sie „erwischt", dann spüren Sie es wo zuerst? Nicht im Kopf – sondern im Bauch!

Wenn Sie morgen etwas schocken sollte, dann „schlägt" es Ihnen in die Magengrube. Übrigens: Interessanterweise ist erst vor einigen Jahren entdeckt worden, dass wir mehr Nervenzellen im Bauch haben als im Kopf. Interessant, nicht wahr?

Schauen wir noch einmal auf unseren Eisberg in der nachfolgenden Skizze. Hier wird in der Andeutung der Masse unterhalb der Wasseroberfläche auf einen Blick erkennbar, welche ungeheuren nicht bewussten Fähigkeiten und Kräfte in der Menschenseele schlummern müssen.

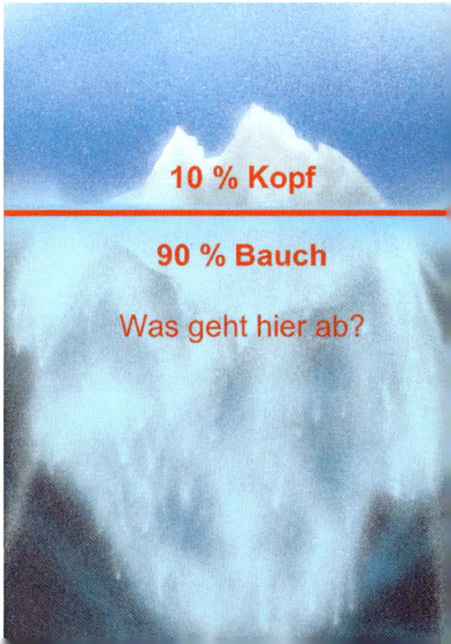

Wie es scheint, haben wir Menschen uns mit den (nur) „zehn Prozent Kopf" recht gut eingerichtet. Unser Kopf arbeitet gut. Wir sind in der Lage, mit dem Einsatz unserer erdachten Technik alles anzustellen, was wir noch vor 30 Jahren kaum zu glauben wagten. Mars-Sonden und Roboterfahrzeuge, die wir hier von der Erde aus steuern, die DNS (Desoxyribonukleinsäure) des Menschens ist bereits entschlüsselt, Tiere sind klonfähig geworden und ungeheure Datenmengen durchströmen den Erdball per Internet, per Funk, per Satellit und durch unendliche Kabelstränge tausendfach pro Tag.

Wir sind bei diesen Aufzählungen geneigt, Freud und seinen Schülern in Sachen Eisbergtheorie nachträglich zu Gunsten des Kopfes zu widersprechen. Dieses Zehn-Prozent-Kopf- oder bewusstes Denkvermögen müsste angesichts der menschlichen Leistungen mindestens dem Unbewussten gleichzustellen sein. Viele Menschen lehnen den Eisberg ab, weil er offensichtlich den menschlichen Geist, die Logik, wesentlich unterbewertet. Aus ihrer Sicht wird das Denkvermögen des Menschen mit einem nicht nachvollziehbaren unbewussten Prinzip verglichen und in Konkurrenz gebracht.

Vielleicht hilft uns hier ein anderer Denkansatz? Stellen wir uns vor, dass unser Denkvermögen nicht in Konkurrenz zum Unbewussten stünde, sondern erst durch die übergroßen Ressourcen des Unbewussten sich hat so ausbilden können. Wenn schon zehn Prozent unseres (bewussten) Geistes in der Lage sind, in nahezu 150 Jahren der Industrialisierungsgeschichte die ganze Welt komplett auf den Kopf zu stellen, was schlummern dann in den restlichen 90 Prozent des Unbewussten für Ressourcen, Energien und Kräfte? Ist uns wirklich klar, worum es hier geht? Oder anders noch: Wie nutzen wir diese Energien und Intuitionen?

Jung fand heraus, dass das Unbewusste die Menschen sozusagen im kollektiven Unbewussten *vernetzt*.

Es gibt heute (noch) ein Naturvolk, das der Aborigines, das älteste Volk der Erde. Von ihren Ahnen *wissen* sie, dass sie schon seit 400.000 Jahren auf dieser Erde leben. Die Aborigines haben bis heute eine Art der Verständigung *kultiviert*, die wir uns mit unserem Weltbild weder vorstellen noch erklären können. Sie verständigen sich über große Entfernungen hinweg mit einer Art Telepathie. Mit ihren Gedanken tauschen sie Informationen aus. Ein Initiationsritual besteht darin, die neuen Erwachsenen an einem Ort für zwei Wochen zurückzulassen. Die Gruppe zieht hingegen weiter. Die jungen Erwachsenen müssen nach zwei Wochen kraft ihrer erworbenen mentalen Fähigkeiten die Gruppe bzw. den Stamm wiederfinden. Und es funktioniert ohne großes Aufheben. Diese Art der

Kommunikation ist so selbstverständlich wie in unseren Breiten das Telefonieren mit einem Handy.

Und genauso selbstverständlich *funktioniert* auch die Verständigung der Aborigines. Aber wie genau läuft deren Verständigung ab? Wir wissen es nicht. Womöglich weil es unserem Weltbild nicht entspricht. Aber dürften wir dann behaupten, dass es diese Verständigung über 1000 Meilen hinweg nicht gibt? Unabhängig unseres Verständnisses dieser Phänomene existiert die Verständigung über Gedanken dennoch.

Jung entdeckte mehr und mehr solcher Phänomene, wie z. B. die Telepathie. Telepathische Phänomene kommen häufiger vor, als wir uns bewusst sind. Irgendwo auf einer uns nicht bekannten Bewusstseinsebene, die uns mit allen anderen Menschen verbindet, läuft Verständigung ab. Vielleicht ist auch das kollektive Unbewusste diese uns nicht bekannte Bewusstseinsebene?

Wie oft denken Sie an jemanden, der dann keine fünf Minuten später anruft? Häufig werden Fälle berichtet, in denen wir von getrennt lebenden Zwillingspaaren hören, die genauestens erfühlen und spüren können, wie es dem anderen gerade ergeht. Oder tausendfach gibt es Meldungen, wonach Menschen spürten, dass ihren engsten Angehörigen gerade etwas zugestoßen sein musste. Später stellten sich schlimme Unglücksfälle und Ähnliches heraus. Wenn man den Blick für diese Phänomene einmal geschärft hat, findet man jede Menge davon.

Noch einmal kurz zurück zu der Verständigung der Aborigines: Stellen Sie sich nur einmal vor, unsere Partner, Nachbarn, Lehrer, Schüler, Vorgesetzen und wer sonst noch könnte ohne Schwierigkeiten in unsere Gedanken reinhören. Der Himmel soll uns hiervor bewahren!

Können wir angesichts der Technik der Aborigines und der Erkenntnis der Vorgänge auf einer uns nicht bekannten Bewusstseinsebene wirklich noch sagen: „Was ich nicht seh, das es nicht gibt!"?

Wenn Jung Recht behält und es ein kollektives Unbewusstes gibt, das uns alle miteinander verbindet, und wenn wir unser Unbewusstes nicht einfach fragen können, was wir wahrnehmen (weil es eben nicht bewusst abläuft und wir diese Fähigkeit womöglich verloren haben), wäre es dann nicht klüger, mehr auf das eigene seelische Gemüt und auf gesunde seelische „Nahrung" Acht zu geben? Gute Musik, tolle Gespräche, ein schönes Buch, ein Spaziergang in der Natur – alles das ist Nahrung für die Seele. Wäre es nicht klüger, darauf Acht zu geben, was wir gerade in welcher Situation über jemand anderes denken?
Sie kennen das doch: Da lernen Sie einen Menschen kennen und haben sehr schnell ein gutes oder ungutes Gefühl. Manchmal übergehen Sie z. B. dieses ungute Gefühl, weil Sie es nicht logisch begründen können. Und hinterher stellt sich mit großer Enttäuschung heraus, dass Sie doch besser Ihrem Gefühl vertraut hätten.

Noch einmal der Eisberg

In der Zusammenfassung betrachtet stellt sich also folgendes Bild dar: Nach einer Schulzeit z. B. von neun bis 13 Jahren haben wir gelernt, unseren Kopf gut zu gebrauchen. Wir wissen universell mehr als die besten Wissenschaftler noch vor 50 Jahren. Wir fügen noch eine Berufsausbildung und andere Lehrgänge über die Jahre hinzu. Vielleicht studieren Sie in den nächsten Jahren; und doch, Sie füttern nur den Kopf oder anders formuliert: Ihre Psyche und Ihr ganzes Selbst profitieren nur zu zehn Prozent von Ihren Anstrengungen.

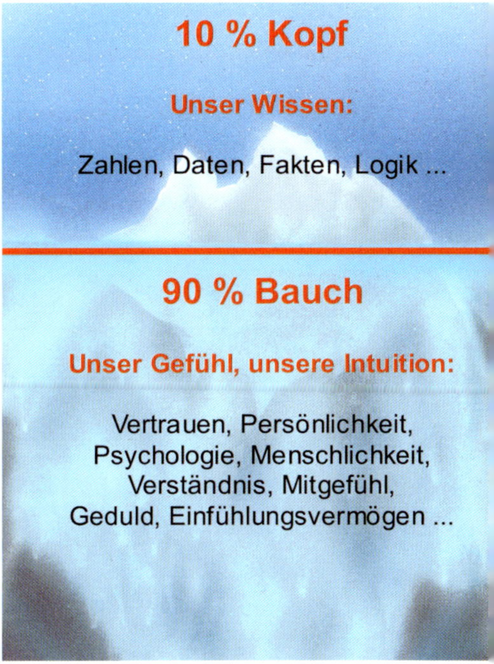

Bitte seien Sie nicht ungehalten. Es geht nicht um eine Abwertung oder generelle Infragestellung Ihrer Wissenskarriere; es geht vielmehr um die Bewusstmachung eines Umstandes, den wir vielleicht in den nächsten Jahrzehnten in unserem eigenen Interesse besser zu beachten haben. Wir stehen unzweifelhaft im Wandel eines sich verändernden Bewusstseins. In der oben gezeigten Grafik sehen Sie im Kopfbereich die harten Faktoren, nämlich die, die man messen und rasch bewerten kann. Im unteren Teil, dem Bauchbereich, sind Inhalte vorgeschlagen, die als weiche Faktoren unserer Psyche durch uns zu kultivieren sind. In einem Gespräch z. B. reden Sie mit einem anderen Menschen über die Sache und tauschen Gedanken oder Strategien aus. Zwischen den Zeilen des Gesagten hören Sie die nonverbalen, also die nicht gesprochenen Hinweise auf das Miteinander heraus. Es tut Ihnen gut, an Menschen zu geraten, die eine gewisse Wärme ausstrahlen. Es ist wunderbar angenehm für Sie, wenn Sie auf Menschen treffen, die einfühlsam sind. Sie müssen nicht erst *durchdenken*, wie Sie sich dann fühlen. Sie fühlen sich angenommen, und dies ist für jeden Menschen von unbedingter Wichtigkeit.

Stellen Sie sich vor, dass entsprechend dieser Grafik z. B. die Entscheidung, ob Sie Ihr späterer Arbeitgeber als Mitarbeiter einstellen möchte, vom Bauch dominiert wird. Oder denken Sie einmal darüber nach, ob Sie sich vielleicht schon mal über den Kopf verliebt haben. Sicher, es gibt Menschen, die denken sich ihre Liebe und richten sich gut ein, aber glücklich werden sie nicht wirklich.

Beachten Sie bitte, dass:

„Je größer die Bedeutung *(einer anstehenden Entscheidung, Anm. d. Verf.)* **eines zu erwartenden Problems und der zu erwartenden Konsequenzen ist, desto wahrscheinlicher wird das emotionale System** *(unser Bauch, 90 Prozent, Anm. d. Verf.)* **obsiegen!"**
(Forschungsergebnisse: Gerhard Roth, Professor für Verhaltensphysiologie an der Universität Bremen, 1991)

Oder fragen Sie sich, ob Sie Werbebotschaften aus Funk und Fernsehen wirklich logisch reflektiert haben, bevor Sie zum Einkauf schreiten. Es ist keine Kunst vorherzusehen, dass im Falle eines umgekehrten Verhältnisses von 90 Prozent Kopf und zehn Prozent Bauch keine (teuren) Werbezeiten im Fernsehen, im Kino und keine Werbung an den Plakatwänden und Lifaßsäulen auf diesem Planeten mehr nötig wären.

Wie logisch sind Werbebotschaften? Im besten Falle überhaupt nicht! Es dominiert eindeutig der Bauch!

Alles, was mit dem Bauch entschieden wird, wird mit dem Kopf begründet!
Dass uns manchmal der Kopf raucht, wundert da nicht mehr. Wir kaufen Kleidung, die nicht wirklich besser als die anderen Angebote ist, schon deswegen, weil dort ein Logo einen gewissen Geschmack und Lifestyle unseren Freunden und Nichtfreunden (denen erst recht) präsentiert.

Wir tragen Schuhe, die weder bequem noch gesundheitsförderlich sind, weil es *so wichtig* ist, sie zu besitzen. Wir kaufen Autos für die Familie am besten neu vom Händler. Dass es irgendwie unsinnig ist, im ersten Jahr des Autobesitzes zwischen 25 und 40 Prozent des Neuwertes zu verlieren, ist *logisch*, aber es interessiert nicht, weil der Bauch psychologisch entscheidet. Sich gut zu fühlen, sich wichtig zu fühlen, das lässt man/frau sich gerne etwas kosten.

Betrachten Sie einmal nur die üblichen Autowerbungen. Es ist wirklich geniale Werbung! Immerzu fahren dort Autos über Serpentinen und durch Innenstädte, und nie ist Gegenverkehr oder ein anderes Auto zu sehen, was den Genuss stören würde. Welchen Wagen Sie auch fahren werden, Sie werden es immer wieder mit nervigen Autofahrern auf Ihren Straßen zu tun haben. Was uns gezeigt wird, ist Eleganz, immerzu jede Menge Platz, selbst im kleinsten Auto, Fahrspaß, hocherotische Frauen und wirklich markante Männer.

Die Autovermietung E-Sixt brachte es vor einigen Monaten treffend auf den Werbe-Punkt: „Demütigen Sie Ihren Nachbarn!" Vielleicht kennen Sie den Spot: Da schneidet ein Mann seine Hecke und erblickt das Auto seines Nachbarn.

Der Nachbar in diesem Spot lässt die Schultern fallen. Diese Formulierung verrät, worum es geht:

Die Wirtschaft lebt von Menschen, die Geld ausgeben, welches sie nicht haben, um denen zu gefallen, die sie nicht leiden können!

Das ist nicht Kopf, das ist Bauch vom Feinsten. In einem anderen Spot *streichelt* ein glücklicher Besitzer im Vorgarten seines Häuschens seinem Auto mit einem weichen Schwamm zärtlich über die Motorhaube, während sein Nachbar grimmig dem *Treiben* zuschauen *muss*.
Wie gut werden Sie in das Unternehmen Ihres späteren Arbeitgebers passen? Richtig, Ihr späterer Chef oder Personalleiter wird natürlich in Ihre Zeugnisse schauen. Aber was kommt dann?
Er oder sie wird Sie nur zulassen, wenn Sie das *Gefühl* vermitteln, dass man Ihnen vertrauen und zutrauen kann, dass Sie das, was Sie z.B. zum Thema Teamgeist und Ausdauer, zum Thema Kreativität und Selbstständigkeit zu sagen haben, ernst meinen und dass man es Ihnen glauben kann.
Wer möchte schon gerne mit einem *überheblichen* Abiturienten oder einem *unnahbaren* Akademiker arbeiten? Abiturienten und Akademiker werden gebraucht und sind in aller Regel nette Menschen. Aber lieber wollte man auf die Qualifikation als auf das Menschliche verzichten. Nette Menschen werden immer gesucht! Was nutzt es, einen *klugen* Kopf einzustellen, wenn sein Benehmen *unvorteilhaft* ist und möglicherweise nur Ärger mit Kollegen und Vorgesetzten zu erwarten ist?

Es gibt viele Personalverantwortliche, die nicht mehr die *Allerbesten* haben möchten, sondern viel lieber die Menschen einstellen wollen, die weniger

Stress im Unternehmen verheißen und ein vorteilhaftes Persönlichkeits-Profil zu bieten haben.

Nur, machen wir uns nichts vor. Kein Personalverantwortlicher wird Sie einladen und Ihnen erklären, dass Leistungen zweitrangig wären und nur Ihre Persönlichkeit zählt. Es kann sein, dass er Persönlichkeit statt Leistung vorzieht – nur sagen wird er es Ihnen nicht. Sie sind gefordert, Persönlichkeit anzubieten. Und wenn Sie einen tollen Eindruck hinterlassen, werden Sie erleben, dass Ihr Zeugnis plötzlich nicht mehr ganz so entscheidend ist!

Ihr Zukunftsorgan

In den vergangenen Kapiteln haben wir sehr viel über das Unbewusste erfahren. Das Unbewusste ist eine unerschöpfliche Kraftquelle, es ist Ihr Zukunftsorgan! Die erste Frage ist für uns, ob und wie wir aus diesen Erkenntnissen Nutzen für uns persönlich ziehen können?

Und zweitens, wie positiv ist eigentlich diese *Einrichtung* eines unbewussten psychischen Anteils unseres Selbst?

Die zweite Frage, welchen Nutzen wir aus dem Vorhandensein des Unbewussten ziehen können, lässt sich schnell beantworten. Kennen Sie so eine Situation, Sie haben plötzlich einen Gedanken und dürfen ihn nicht vergessen? Sie haben aber keinen Notizblock griffbereit. Jetzt kommt noch ein zweiter Gedanke, ein dritter Gedanke hinzu. Und schon wird es mühsam, diese drei Gedanken zusammenzuhalten, und anstrengend, sie nicht vergessen zu dürfen. Und wenn Sie dann noch Angst entwickeln, Sie könnten die Gedanken nicht festhalten, sind diese schon entschwunden! Das Bewusstsein ist sehr stressanfällig und in der Merkfähigkeit dadurch reduziert. Anders verhält es sich mit dem Unbewussten. Das Unbewusste vergisst nichts. Rein gar nichts! Alle Erlebnisse, alle Gefühle, alle Bilder, Gerüche und Geräusche; alles, was unser Leben begleitet hat, findet sich unlöschbar abgespeichert. Wie genial könnte es sein, wenn es uns gelänge, diese *Speicherfunktionen* für uns nutzbar zu machen?

Andererseits ist unser Unbewusstes ein enormer Filter, der die allermeisten Eindrücke von uns abschirmt, damit wir unsere Sinne bewahren können. Gehen Sie davon aus, dass ca. eine Million Reize (Bits) pro Sekunde von unserem

Unbewussten aufgenommen und verarbeitet werden. Hingegen schafft unser Gehirn gerade einmal die 20.000ste Menge von bescheidenen 50 Bits (Ja-Nein-Informationen, Begriff der EDV) pro Sekunde. Während unser Hirn eher Zeit und Muße benötigt, also nicht so spontan funktioniert, kann unser Zukunftsorgan – unser Unbewusstes – sehr viel mehr und schneller verarbeiten!

Wie fühlt sich augenblicklich der Strumpf an Ihrem Knöchel an oder wie viele Töne hören Sie gerade gleichzeitig? Welche Farben umgeben Sie und welche Gedanken bewegen Sie in diesem Augenblick? Unsere Psyche ist in der Lage, sozusagen als Massenspeicher alle Gedanken, Gefühle, Eindrücke und Einstellungen zu speichern. Und das macht sie mit dem Ziel, uns zu entlasten, den Kopf im wahrsten Sinne freizuhalten. Stellen Sie sich bitte einmal vor, was es Ihnen bringen würde, wenn es Ihnen gelänge, die für Sie wichtigen Dinge, wie Ziele, Hoffnungen und Wünsche, Ihrem Unbewussten zu übergeben, dann brauchten Sie nicht mehr täglich an Ihre Ziele und Wünsche zu denken; das würde dann ab sofort Ihr Unbewusstes übernehmen. Bitte stellen Sie sich weiter vor, dass Ihr Unbewusstes für Sie dann arbeiten und Ihren weiteren Weg zielgerichtet ausrichten würde.

Diese Vorstellung wirkt zugegeben leicht fantastisch. Auch schon weil die Kontrolle über die unbewussten Abläufe nicht herstellbar ist. Und das, was dies alles so unkontrollierbar macht, ist die Tatsache, dass es sich eben unserem Denken entzieht.

Der Mensch denkt, also existiert er! („Ich denke, also bin ich!", Grundsatz der Erkenntnistheorie von DESCARTES [1596–1650], französischer Philosoph, wonach die Erfahrung des Denkens und Zweifelns einziger hinreichender Beweis für die eigene Existenz und damit der grundlegende Ausgangspunkt für alle rationale Erkenntnis ist.)

Die Geschichte mit dem Tausendfüßler

Es war einmal ein Tausendfüßler, der mit seinen tausend Beinen ganz phantastisch tanzen konnte. Wenn er tanzte, versammelten sich die Tiere des Waldes, um ihm zuzusehen, und alle waren von seiner Tanzkunst zutiefst beeindruckt. Nur ein Tier mochte den Tanz des Tausendfüßlers nicht leiden, eine Kröte. „Wie schaffe ich es nur, dass der Tausendfüßler zu tanzen aufhört", überlegte sie. Sie konnte ja nicht einfach sagen, dass ihr der Tanz nicht gefiel. Und sie konnte auch nicht behaupten, sie könne selber besser tanzen, denn das würde ihr niemand abnehmen. Schließlich heckte sie einen teuflischen Plan aus. Sie setzte sich hin und schrieb dem Tausendfüßler einen Brief.

„Oh unvergleichlicher Tausendfüßler!", schrieb sie. „Ich bin eine ergebene Bewunderin deiner erlesenen Tanzkunst. Und ich wüsste gern, wie du beim Tanzen vorgehst.

Hebst du erst das linke Bein Nummer 228 und dann das rechte Bein Nummer 59? Oder beginnst du den Tanz, indem du das rechte Bein Nummer 26 und dann erst das linke Bein Nummer 499 hebst? Ich warte gespannt auf deine Antwort. Freundliche Grüße, die Kröte. Als der Tausendfüßler diesen Brief bekam, überlegte er sich zum ersten Mal in seinem Leben, was er beim Tanzen eigentlich machte. Welches Bein bewegte er als Erstes? Und welches Bein kam dann? …

Der Tausendfüßler hat fortan nie mehr getanzt! …

Und die Moral von der Geschichte: Genau das kann geschehen, wenn das Denken die Phantasie und die Intuition erstickt!

Kennen Sie diese Situationen aus eigener Erfahrung? Die Fähigkeit zu denken, ist so wunderbar. Aber wie in dieser kleinen Geschichte beschrieben, diese Fähigkeit bedeutet nicht alles, um in einer Sache besonders gut oder glücklich zu sein oder zu werden. Die hohe Kunst in einer Sache, wie z. B. ein Instrument zu spielen, vielleicht das Schöpferische in der Kunst auszuleben, eine Kampfsportart zu beherrschen oder eine Sprache zu erlernen, können Sie nur unter Ausschluss des Denkens perfektionieren. Dies bedeutet nicht, dass sich dumme Menschen besser professionalisieren können, sondern vielmehr dies, dass gerade die, die denken können, sich steigern können, wenn sie lernen, das Denken zu überwinden und sich der Intuition hinzugeben.

Zurück zu unserem Gedanken, das Unbewusste zu nutzen. Das Unbewusste kann durch Sie selbst oder durch andere Menschen beeinflusst werden. Und dies ist für Ihre Zukunft entscheidend. Nämlich alles, was wir verinnerlichen, indem wir es glauben und ständig wiederholen, das gewinnt in unserem *Zukunftsorgan* an Realität. Erzählen Sie sich nur immer und immer wieder, dass Sie sowieso nicht sprachbegabt sind, dann werden Sie nie eine Fremdsprache erlernen können. Glauben Sie fest an Ihre Fähigkeiten, und Sie haben Fähigkeiten. Glauben Sie, dass Sie viel zu kompliziert für eine Beziehung sind und wiederholen Sie diesen Gedanken nur oft genug, dann sind Sie ein komplizierter Zeitgenosse, der anstrengend wirkt. Sie werden Recht behalten. Das ist die Kraft und die Macht der Autosuggestion.

Egal woran ein Mensch glaubt, er behält immer Recht!

Glauben Sie an Ihre Zukunft und malen Sie sich Ihren Zielzustand so gut es eben geht gedanklich aus. Dieses Bildermalen nennen wir *visualisieren*. Visualisieren Sie Ihr Examen oder Ihren Meisterbrief. Stellen Sie sich vor, Sie halten Ihr Diplom in Ihren Händen. Wie fühlt sich dieses Papier dann an? Werden Sie im Sommer Ihre Prüfung bestanden haben? Wie wird Sie dann die Sonne im Straßencafé wärmen? Fühlen Sie das? Sind Sie schon jetzt in der Lage, sich vorzustellen, wie Ihr liebster Mensch an Ihrer Seite Sie umarmen und herzen wird, weil Sie einen unglaublich tollen Abschluss erarbeitet haben? Je genauer Sie dies heute schon *vordenken* und *vorfühlen* können, umso selbstverständlicher wird Ihr Unbewusstes, Ihr Zukunftsorgan, Sie an Ihr Ziel führen!

Damit wir uns nicht missverstehen: Die Arbeit werden Sie schon investieren müssen. Aber es schafft sich leichter. Sie werden über sehr viel mehr Energien verfügen als alle die, die ihre Zukunft als Last empfinden. Das Unbewusste schläft nie, es wacht über Sie und Ihren Weg. Egal wohin Sie wollen, es wird Sie nach vorne in Richtung *Ihrer vorgedachten* Zukunft bringen. In der Psychologie gibt es einen feststehenden Begriff für dieses Phänomen: die *selbsterfüllende Prophezeiung*. Das Unbewusste sorgt dafür, dass das eintritt, was Sie sich wünschen, selbst wenn es nicht gut für Sie wäre. So könnte beispielsweise Ihr *Wunsch* lauten, dass Sie sowieso nie erfolgreich werden.

Ihr Wunsch ist sein Befehl!

Beachten Sie also unbedingt, was Ihnen sogenannte Berater mit gut oder weniger gut gemeinten Ratschlägen auf Ihren Weg mitgeben. Achten Sie auf das, was Sie zulassen wollen und was nicht. Wählen Sie doch einfach mal ein positives Festtagsmenü für Ihre Seele aus. Sie sind nicht verpflichtet, jeden Unrat in Ihre Seele zu lassen. Schalten Sie doch einfach mal den Empfang ab, wenn es Ihnen zu viel an Negativem wird. Bei einem schlechten Film im Fernsehen tun Sie das doch auch, oder? Haben Sie den Mut, schlechte Nachrichten nicht zuzulassen. Hören Sie stattdessen vielleicht gute Musik, lesen Sie ein tolles Buch oder sprechen Sie mit einem liebevollen (positiven) Menschen. Und wenn Sie feststellen sollten, dass Ihr Leben nicht so verläuft, wie Sie es gerne hätten, dann kann es daran liegen, dass Sie nach den Vorstellungen anderer leben. Vielleicht vermissen Sie Ihre eigenen Ziele? Fragen Sie sich, welche Ziele Sie von anderen „einfach" übernommen haben. Was möchten Sie selbst? Unter Beachtung unseres Eisberges müssen wir zusammenfassen, dass 90 Prozent unseres Erfolges von dem Unbewussten abhängig bleibt. Fangen Sie nicht morgen, sondern lieber heute an, Ihre Seele mit schönen Gedanken und Erlebnissen zu füttern. Sie werden es brauchen, ganz sicher.

Die Erfolgsformel

Alles bisher Geschriebene können wir in einer kleinen mathematischen Formel sehr vereinfacht zusammenfassen.

$$\text{Erfolg} = \frac{\text{Wissen}}{2} \times \text{Verhalten}^2$$

Ihr Erfolg (E) wäre das Ergebnis aus Wissen (W) durch zwei geteilt mal dem Verhalten (V) zum Quadrat. Genial einfach – einfach genial.

Wissen Sie vielleicht alles über Ihre Gesprächspartner oder wissen Sie alles über Ihr Produkt, oder Sie sind ein allwissender Arzt – was nutzt es Ihnen im

Umgang mit anderen Menschen, wenn Ihr Verhalten schwächelt? Jetzt werden Sie vielleicht einwenden, dass man bei einem Arzt das schon noch ertragen könne, zumal man hier Kummer gewöhnt sei und dieser Heilung verspreche. Ganz deutlich gesagt, es nutzt nichts. Denn nicht nur der Körper verlangt nach Heilung, sondern auch die Seele. Zugegeben, ein anderes Thema, aber es darf uns vielleicht ein wenig nachdenklich machen. Zu 90 Prozent begegnen wir uns sozusagen auf der Ebene unserer *Bäuche*. Bevor Ihr Gegenüber Sie überhaupt in seine *geistige* Nähe lässt, müssen Sie an seinem innerseelischen Aufpasser, dem Unbewussten, vorbeigelassen, besser noch *eingelassen* werden. In der Verkaufspsychologie gibt es ein sehr bekanntes Bild: Fachidiot schlägt Kunde tot! Hier ist nicht die Rede von: Nichtswissen macht nichts, sondern es geht um die Gewichtung. Wissen ist Macht! – und so wird es auch bleiben. Aber *Macht* allein reicht nicht aus, um Menschen zu gewinnen!

Um es mit der Formel zu *sagen*: Es ist nur die Hälfte wert, wenn es darum geht, erfolgreich mit Menschen umzugehen. Dann aber ist es mit der Quadrierung des Verhaltens umso wichtiger, sein Verhalten zu optimieren.

Es ist manchmal wirklich widersinnig: Vor wichtigen Messeauftritten investieren viele Unternehmen viel Zeit und Geld, die Mitarbeiter auf die Produkte und Strategien hin zu schulen. Dann stehen (oder sitzen) da nachher auf dem Messestand so alles überstrahlende Giganten des Fachwissens, dass der normalsterbliche Kunde sich kaum noch traut, ihm eine vielleicht weniger kluge Frage zu stellen. Hier ist Verhalten die Königsdisziplin! Klar, der Kunde möchte Sach- und Fachkompetenz, aber dann bitte in einen Menschen gepackt. Denn sonst wären z. B. Messeauftritte sinnlos, weil Computerterminals diese Wissensvermittlung deutlich besser übernehmen könnten. Und dann würde man keine Ausstellungsflächen mehr benötigen, sondern nur noch einen Internetanschluss. So einfach kann E-Business sein!?

Das Dinosaurier-Gehirn

Es gibt Bücher, die man so schnell nicht vergisst. Vor mehr als zehn Jahren erschien ein witziges und pfiffig geschriebenes Buch: „Das Dinosaurier-Syndrom" von Albert J. Bernstein. Der Autor versucht auf sehr amüsante Weise der Frage nachzugehen, welches alltägliche Verhalten bei uns heutigen Menschen noch den Nachweis auf längst vergangene Welten, die der Dinosaurier, zulässt.
Er skizziert Verhaltensweisen, die im normalen Leben vorkommen, und vergleicht diese mit den Verhaltensweisen dieser großen Riesen. Diese Idee nehmen wir gerne auf und schauen uns an, was z. B. Stress mit uns Menschen macht.
In unserem Gehirn gibt es ein Areal, das entwicklungsgeschichtlich den ältesten Bestandteil bildet. Auf der untersten Ebene im Stammhirn entdecken wir die Fußstapfen unserer riesengroßen Vorfahren. Dort sind lernunabhängige affektive Zustände, wie Wut, Furcht, sexuelle Anziehung und Paarung, reaktive Aggression bzw. Verteidigung, soziale Hierarchie, Revierverhalten, Flucht und Loyalität, abgespeichert. Diese Verhaltensweisen müssen nicht geübt bzw. konditioniert werden. Sie sind einfach da und stehen dem Individuum zum sofortigen Gebrauch zur Verfügung.

Nach neuesten Erkenntnissen von Joseph LeDoux, Neurowissenschaftler an der Universität New York, ist der Mandelkern (Amygdala) der Spezialist in Sachen emotionaler Angelegenheiten. Zudem speichert er auch emotionale Erinnerungen. Ein Leben ohne Mandelkern ist ein Leben ohne persönlichen Sinngehalt und ohne jegliche Leidenschaft. Von seiner Funktion hängt die Fähigkeit zur Zuneigung, Furcht und Wut ab.

Was macht Stress mit uns?

Die Frage müsste noch ein wenig anders lauten: nicht nur was Stress mit uns macht, sondern vielmehr was Stress aus uns macht? Unser ganzes Denken und bewusstes Handeln (zehn Prozent) läuft auf der Hirnrinde ab. Sobald nun Stress (negativer wie positiver Stress) subjektiv erlebt wird, reißen plötzlich, im Bild gesprochen, alle Verbindungen zur Hirnrinde ab, und es wird ein zur Situation passendes Verhaltensmuster unserer einstigen Vorfahren sofort zum Angriff oder zur Verteidigung aus dem Stammhirn *gezückt*.
Erst einmal in eine solche Verfassung gekommen, vermag es der Betroffene nicht mehr, sich kraft seiner Gedanken und seiner sonst ihm möglichen Differenzierung

normal zu verhalten. Das Adrenalin und das Noradrenalin, zwei der wichtigsten Stresshormone, die den Körper zum Fliehen oder zum Kämpfen mobilisieren, sorgen zum einen dafür, dass jeder augenblickliche Rückzug auf den Verstand, auf die Hirnrinde, nicht mehr möglich ist. Andererseits sorgen beide Hormone für die sogenannte emotionale *Erinnerung* durch den oben beschriebenen Mandelkern. Der Mandelkern versorgt uns mit primitivsten Emotionen, wir werden buchstäblich zum Tier, schlimmer noch, wir verlieren mehr oder minder die Kontrolle über uns. In solchen Zuständen ist nahezu jeder in der Lage, fast alles an Unsinn und Unmöglichkeiten zu begehen. Schon an der Heftigkeit der Reaktionen können Sie die Urgewalten messen, die sich dann freisetzen.

Das schönste Beispiel kennen Sie alle: Sie sind frisch verliebt. Na, wo fühlen Sie diesen Zustand zuallererst? Im Kopf? Nein, der weiß gar nicht, was da überhaupt vor sich geht. Sie spüren es sehr deutlich, buchstäblich körperlich, im Bauch – wo sonst? Können Sie dann noch denken? Ihre Freunde ermahnen Sie, das eine zu beachten, das andere zu lassen. Können Sie denen noch gedanklich folgen? Oder wirklich gute Freunde und Ihre liebevollen Eltern wollen von Ihnen wissen, was Sie denn an dem anderen so toll finden. Fällt Ihnen da wirklich kraft Ihrer Gedanken etwas dazu ein?

Schönen Gruß von Ihrem Mandelkern! Ein schlimmes Beispiel ist zu beobachten, wenn es z. B. in einem Haus brennt. Einer jungen Mutter, die ihr Kind in dem brennenden Haus wähnt, können Sie nicht mit Diskussionen kommen. Ihr zu erklären, dass es viel zu gefährlich wäre, ist komplett sinnlos. Was dann abläuft, ist ein Überlebensprogramm der letzten 500.000 Jahre. Sie wird durchs Feuer rennen, um ihr Kind zu retten. Erst draußen vor dem Haus, dann wieder angekommen und beruhigt, wird sie die Wucht Ihrer Verletzungen spüren, die sie sich zugezogen haben wird. Vorher nicht.

Eine andere Situation können Sie beobachten, wenn sich jemand heftig erschreckt. Sie gehen beispielsweise spazieren, und dicht hinter Ihnen ertönt plötzlich eine laute Hupe oder ein lauter Knall. Sie denken nicht, sondern reagieren sofort. Wenn Sie allein sind, dann springen Sie sofort auf die Seite (Fluchtreflex), und wenn Sie ein kleineres Kind bei sich haben, werden Sie dieses automatisch mit auf die Seite reißen.

Noch eine Situation können Sie sich vorstellen: Sie stehen mit Ihrem Auto an einer roten Ampel. Plötzlich reißt ein wütender Mann Ihre Fahrertür auf und brüllt Sie lauthals an. Hier nutzt Ihnen der Fluchtreflex nun nichts mehr, und was machen Sie? Sie sitzen im Auto, sind völlig fassungslos und können nicht ein Wort sagen. Ihr Hirn ist einfach leer!

Vielleicht schreien Sie ihn ebenfalls an. Das, was Sie ihm an den Kopf werfen, würden Sie im Ruhezustand niemals so formulieren, ganz sicher. Kaum geht der Mann weg und die Situation beruhigt sich, da fallen Ihnen Argumente ein, die Sie hätten erwidern können. Auch kommt Ihnen erst jetzt der Gedanke, dass Sie diesen Mann vielleicht an der letzten Kreuzung übersehen und ihm die Vorfahrt genommen haben könnten.

Der ultimative Selbstversuch

Ein nettes Experiment dürfen Sie auch einmal im Selbstversuch ausprobieren. Stellen Sie sich vor, Sie würden Ihrem Partner ankündigen, dass Sie am nächsten Wochenende sturmfreie Bude hätten und endlich einmal wieder einen ungestörten Abend verbringen wollen.

Wenn Sie bereits Eltern sind, so verlagern Sie eigens für diesen Tag den Aufenthaltsort Ihrer Kinder zu den Großeltern. Wie dem auch sei, an dem betreffenden Tag ist alles gut organisiert. Sie gehen sogar mit Ihrem Partner auf den Wochenmarkt, kaufen dort frisches Gemüse, beim besten Metzger im Ort zwei herrliche Steaks und beim Weinhändler eine tolle Flasche Wein. Nachmittags kochen und braten Sie gemeinsam. Und irgendwann ist der Tisch zum Candle-Light-Dinner gedeckt, der Rotwein nicht einfach geöffnet, sondern *dekantiert*, das Gemüse und die Kartoffeln sind im guten Porzellan dargeboten. Sie prosten sich zu, kosten vorsichtig vom Wein. Vielleicht hören Sie im Hintergrund noch die Tafelmusik von Georg Philipp Telemann. Jetzt kommt es bei diesem Versuch auf das Timing an. Sie nehmen gemeinsam das Besteck zum Essen auf. Beide schneiden Sie das Fleisch und führen synchron die Gabel zum Mund. Und bevor *Ihr Schatz* den Bissen von der Gabel nehmen kann, springen Sie plötzlich und unvermittelt auf, hechten über den Tisch, greifen die Gabel Ihres Gegenübers, reißen sie an sich und schnappen mit Ihrem Mund nach dem Fleischstück. Dabei halten Sie die Gabel demonstrativ fest, kauen genüsslich und schauen, was nun passiert. Jetzt erleben Sie Dinosaurier pur. Erst recht Ihr Gegenüber, wenn er männlich ist, wird er zwischen zehn und 20 Sekunden brauchen, um seine Fassung wiederzuerlangen. In dieser Zeit ist es sicher ratsam, nichts zu sagen. Erklären Sie nichts. Und um Himmels willen sagen Sie bitte auch nach 20 Sekunden nicht, dass es sich dabei nur um ein Experiment gehandelt habe;

schlimmer noch, verweisen Sie bitte nicht auf dieses Buch. Jeder Fehler, den Sie in den ersten Sekunden begehen, könnte Ihre Gesundheit ernsthaft bedrohen. Weingläser und andere Gegenstände könnten auf Sie niederprasseln. Nach eben diesen 20 Sekunden wird er oder sie Sie vielleicht nur noch fragen, ob Sie nicht ganz dicht seien. Halten Sie diese Infragestellung im Dienste der Wissenschaft einfach aus. Vielleicht lächeln Sie vorsichtig Ihr Gegenüber an und erklären, dass Sie nur sicherstellen wollten, dass das Fleisch auch wirklich optimal gebraten sei. Wird sicher auch nicht der Brüller sein, aber mit ein wenig Charme bekommen Sie die Situation wieder in den Griff. Auf der untersten Ebene des limbischen Systems, im Mandelkern, wird sich für Ihr Gegenüber eine Situation abgespielt haben, die damals, vor mehr als 60 Millionen Jahren, überlebenswichtig war. Nämlich: sich niemals das Futter aus dem Mund abluchsen zu lassen. Wenn Sie Hundebesitzer sind, können Sie sicher ein Lied davon erzählen, wie bedrohlich die Situation werden kann, wenn Sie einem hungrigen Hund, der sonst so liebevoll ist, das Futter aus dem Maul ziehen. Ähnlich liegt es bei uns Menschen, die wir immer noch verblüffende Raubtierähnlichkeiten zeigen.

Es gibt Testverfahren, z. B. im Assessment-Center, die einzig zum Ziel haben, zu ermitteln, wie Sie unter Stress reagieren. Sie können tatsächlich ein gewisses Maß an Gelassenheit trainieren. Auch schon weil Sie ab sofort wissen, dass es Menschen gibt, die Ihnen Stress bereiten wollen, um Sie in eine verhandlungsschwache Position zu bringen.

Je größer die Emotion (Wut, Trauer, Not, Stress),
desto weniger Kopf steht Ihnen zur Verfügung!
Achten Sie auf sich!

Die Zukunft ist flexibel

Eine neue Ära der Brandmeldetechnik

Mit dem neuen Brandmeldesystem FlexES werden die Vorteile eines innovativen Systems mit den Eigenschaften hoher Flexibilität und optimierter Serviceleistungen in einzigartiger Weise verknüpft. Nicht nur heute, sondern auch auf lange Sicht.

Dank einer modularen Hard- und Softwareplattform passt es sich veränderten Bedingungen jederzeit an und erlaubt einen nahezu uneingeschränkten Systemausbau. Die Leistungsfähigkeit kann je nach Bedarf durch zusätzliche Hardwaremodule oder Softwareupgrades erweitert werden.

ESSER
by Honeywell

Novar GmbH a Honeywell Company · Dieselstraße 2 · D-41469 Neuss
Fon: +49 (0) 21 37/17-0 (Verwaltung) · Fon: +49 (0) 21 37/17-600 (Kundenbetreuungscenter)
Fax: +49 (0) 21 37/17-286 · www.esser-systems.de · info@esser-systems.de

Mit der inneren Einstellung fängt alles an

Was sehen Sie, wenn Sie die nachfolgende Grafik einmal in Ruhe auf sich wirken lassen?

Was für ein Mensch begegnet Ihnen?

Den meisten Betrachtern fällt dazu ein:

- ein lustiger Mensch
- ein kindlicher Mensch
- ein Matrose
- vielleicht ein netter Bischof
- Fröhlichkeit
- Freundlichkeit, ein lächelnder Mensch
- ein naiv Dreinschauender
- ein Karnevals-Jeck mit Kappe ...

Was sehen Sie nun, wenn Sie die zweite Grafik auf sich wirken lassen?

Was für ein Mensch begegnet Ihnen jetzt?

Den meisten Betrachtern fällt dazu ein:

- ein grantiger Mensch
- ein Nörgler
- schaut aus wie mein Lehrer
- jemand mit schlechter Laune
- vielleicht der gleiche Bischof
  nach der zehnten Beerdigung
- ein Miesepeter ...

Lassen Sie ruhig beide Grafiken noch eine Weile auf sich wirken.

Was, glauben Sie, macht den Unterschied zwischen beiden Zeichnungen aus? Die Lösung ist nur auf den ersten Blick simpel.

Auf den ersten Blick unterscheiden sich die Bilder nicht! Den einzigen Unterschied erkennen Sie im Betrachtungswinkel. Drehen Sie die Grafik um 180 Grad, und schon haben Sie spontan die Lösung.

Aber dass die beiden Bilder nur zu drehen sind, ist eben nur das, was nahezu jeder auf den ersten Blick erkennen würde.

Was können Sie hier für sich erkennen? Vielleicht dies?

Es liegt nicht an irgendwelchen Umständen, dass Sie dieses Bild mal so oder mal so sehen. Sie entscheiden, was Sie sehen wollen ...

Es kommt auf Ihren Standpunkt an!

Zugegeben, das *Wendemännlein* ist eine recht einfache Metapher, aber sie soll deutlich machen, worum es auch in Ihrem Leben gehen wird, wenn Sie erfolgreich Menschen für sich gewinnen möchten.

Wenn wir freundliche Menschen treffen, dann sind wir auch freundlich. Wir sind offen und aufmerksam. Es macht uns Freude, mit solchen Menschen Kontakt zu haben. Wir unterstellen, dass ein Gespräch mit ihnen gut verlaufen wird, schon weil unser Gegenüber so freundlich ist. Wir fühlen uns angenommen und haben einen solchen Umgang wahrhaft verdient.

Treffen wir nun aber auf den eher finster dreinschauenden Menschen, so läuft das eben Beschriebene umgekehrt ab. Wir nehmen sehr schnell diese Stimmung auf und wirken auch schneller unfreundlich. Wir unterstellen, dass ein Gespräch sowieso nichts werden kann, und wir fühlen uns missachtet und unverdient unverstanden.

Und dieser Vorgang von Einschätzung und (Gegen-)Reaktion läuft innerhalb von Bruchteilen einer einzigen Sekunde ab. Dabei kommt es, dieser Metapher zufolge, eigentlich nur auf Ihren Standpunkt an. Jetzt werden Sie womöglich einwenden, dass dieses Bild nicht die Realität widerspiegelt. Denn es gibt und es wird immer Menschen geben, die Sie mit noch so viel Freundlichkeit oder Versuchen des Standortwechsels nicht *gedreht* bekommen. Was Sie auch tun, die poltern auf Sie ein.

Um wen es hier aber gehen soll, und dies ist die Grundrichtung des ganzen Buches, sind Sie, Sie allein. Was macht denn ein unfreundlicher Mensch mit Ihnen, wenn er seine Stimmung (ungefragt) auf Sie überträgt? Erinnern Sie sich noch? Im letzten Kapitel sagten wir, dass Ihr Unbewusstes auch von der Außenwelt, in diesem Fall von dem unfreundlich Dreinschauenden, beeinflusst und genährt wird. Und Sie stellen plötzlich fest, dass seine Stimmung bei Ihnen Realität in der Seele wird. Wollen Sie das?

Auch bleibt die Frage offen, ob denn Ihr Gegenüber überhaupt Ihnen seine Stimmung übertragen will oder wollte? Sind oder waren Sie wirklich gemeint?

Stellen Sie sich bitte einmal vor, obwohl man Sie *anmacht*, Sie wären nur eine Person, die möglicherweise stellvertretend für andere die Botschaft in Empfang zu nehmen hätte, mehr nicht. Ein anderer Gedanke: Schauen Sie, es ist keine Kunst, mit freundlichen Menschen freundlich umzugehen. Dies kann so ziemlich jeder.

Da kommt ein freundlicher Kunde in die Service-Annahme eines Autohauses. Nach der letzten großen Inspektion an seinem Wagen, und diese ist erst einen

Tag her, flog dem Kunden auf der Autobahn ein großes Stück seiner unteren Verkleidung des Motorraums bei Tempo 160 km/h davon. Abgesehen davon, dass dieses Missgeschick auch nicht nach einem Monat hätte passieren dürfen, ist unser Kunde ein lieber Kerl. Er ist so lieb, dass er sich beinahe entschuldigt, für die Umstände, die er dem Kfz-Meister mit seiner Reklamation bereitet. Er ist wirklich ein unglaublicher Menschenfreund. Ist es für den Mechaniker jetzt eine unlösbare Aufgabe, freundlich zu bleiben? Müsste dieser Servicemann nun dringend seinen Kunden mitten im Gespräch verlassen, so könnten Sie als Firmenchef getrost diesen netten Kunden von einer ungelernten Aushilfskraft weiter betreuen lassen.

Ab wann beginnt wirkliche Professionalität in der Kommunikation, bei freundlichen oder bei unfreundlichen Gesprächspartnern? Und dies ist der Schlüssel zur erfolgreichen Menschenführung: Sie sind in der Lage, freundlich zu bleiben, selbst wenn der andere unfreundlich ist oder wird. Bleiben Sie höflich, auch wenn Sie als Mechaniker am Vortag gar nicht in der oben beschriebenen Werkstatt am besagten Fahrzeug arbeiteten. Ihr Gesprächspartner darf sich Ihres Verständnisses sicher sein, selbst wenn er Ihre (oder nur die Kompetenz Ihrer ganzen Werkstattmannschaft) infrage stellt.

Was, glauben Sie, könnte passieren, wenn Sie es mehr und mehr trainierten, einmal gerade den unfreundlichen Zeitgenossen mit Freundlichkeit zu begegnen? Bitte stellen Sie sich einmal vor, was es auf Dauer mit Ihnen machen und wie es Sie verändern würde?

Keine Frage, der Erfolg stellt sich nicht spontan beim ersten Versuch ein, aber: Wer würden Sie bereits nach einem halben Jahr sein? Machen Sie doch einmal nicht das, was sowieso jeder tun würde. Jeder, fast jeder, und Sie beobachten es doch auch, würde dem Miesemann in unserer kleinen Grafik seine Ablehnung zeigen. Aber wozu *müssen* Sie das auch tun? Meinen Sie, Sie hätten je eine echte Chance, den anderen von seinem *Fehlverhalten* zu überzeugen, ihn zu *erziehen*, gerade dann wenn er sich im Stress befindet?

Hand aufs Herz, das glauben Sie doch auch nicht! Also, was gibt es in dieser Situation für Sie zu gewinnen?
Eigentlich ganz einfach. Sie gewinnen Souveränität, haben Freude und bleiben von den unguten Stimmungen nahezu unbeeinflusst. Mit jedem kleinen Erfolg

bei diesem *grimmigeren Menschenschlag* wachsen Sie ein Stückchen weiter. Entdecken Sie in einer solchen Situation Ihre unvertauschbare Würde, die Ihnen niemand streitig machen kann.

Und *uneigentlich*? Es liegt ein beschwerlicherer Weg vor Ihnen. Sie tun etwas, was sonst kaum jemand tut. Ihr ungewohntes Tun wird Sie verunsichern, und vielleicht isolieren Sie sich ein wenig. Was dann aber allmählich passieren wird, ist dies, dass tatsächlich der ein oder andere seine Stimmung der Ihren anpasst. Und das verschafft Anerkennung und Freunde.

Folgende Situation denken Sie sich bitte noch einmal: Sie sind zu einem Vorstellungsgespräch eingeladen. Nachmittags um 15:00 Uhr stellen Sie sich beim Personalleiter vor. Sie werden in das Besprechungszimmer geführt. Ein unfreundlicher Kerl sitzt mit verschränkten Armen am Schreibtisch und blickt Sie über seinen Brillenrand hinweg an. Sie werden mittels einer wortlosen Handbewegung an den Besprechungstisch in einer Ecke des Raumes gebeten. Er bleibt noch eine Weile in irgendwelchen Unterlagen vertieft sitzen, bis er sich mit einem unüberhörbaren Seufzer erhebt und mit genervtem Blick auf Sie zukommt.
Sobald Sie diese Situation auf sich beziehen würden, säßen Sie in der Falle. Und wenn Sie nur denken würden, wie unmöglich sein Benehmen sei, Sie hätten längst verloren. Stellen Sie sich doch bitte vor, dass er Sie unmöglich meinen kann! Er kennt Sie nicht, und selbst wenn er vorgäbe, Sie zu kennen, was schon würde er über Sie in Ihrer ganzen Fülle wissen können? Vielleicht ist er von den vielen Gesprächen des Tages längst überfordert? Beachten Sie bitte, dass selbst so hochbezahlte Führungskräfte auch irgendwann am Ende sind. Vielleicht hat er noch vor Ihrem Besuch einen unangenehmen Anruf erhalten. Vielleicht zweifelt er Ihre guten Arbeitszeugnisse an? Vielleicht empfindet er eine Abneigung gegenüber Abiturienten, weil er mit hochnäsigen Menschen schlechte Erfahrungen gemacht hat? Und vielleicht mag er keine Brillenträger? Und womöglich sind Ihre Haare zu kurz oder zu lang?

Weiß der Himmel, an wen Sie ihn in diesem Augenblick erinnern. Eines aber ist sicher: Er wird Sie gleich kennen lernen! Und wenn Sie auf sich aufpassen, dann sogar von der richtigen Seite.
Zeigen Sie, dass Sie im Gegensatz zu Ihrem Vorgänger oder Ihrer Vorgängerin mit dieser Situation gekonnt umgehen können. Sehen Sie einfach in Ihrem

Gegenüber nur einen Mann, der wohl noch nicht ganz im Gespräch ist und den Sie überzeugen müssen.
Vielleicht gefällt ihm auch nicht, dass Sie eben kein Abitur, sondern nur mittlere Reife vorlegen können? Na und? Er hat Sie eingeladen! Ihnen gewährt er eine Chance, sonst säßen Sie nicht hier.
Vielleicht werden Sie in der Firmengeschichte die Erste oder der Einzige sein, der ohne Abitur jemals eingestellt wurde? Kann sein. Denn Sie sind möglicherweise kraft Ihrer Einstellung und Ihres Auftretens deutlich besser als alle die, die in diesem Mann nichts anderes sehen, als das, was auch alle anderen sehen können.

Sie *sehen* vielleicht einen Mann vor sich, der schon was draufhaben muss, sonst säße er nicht an dieser Stelle. Und Sie sind sicher *gespannt*, wann er Ihnen zu erkennen gibt, was für ein toller Kerl er ist.
Sie sitzen diesem Mann gegenüber und sind freundlich, aufmerksam und in sich ruhend. Ihrem Gesicht ist ein ganz leichtes Lächeln zu entnehmen – wie wunderbar. Und dann wird Ihnen dieser Mann buchstäblich um den Hals fallen, garantiert. Weil Sie anders sind als alle anderen. Weil man Ihnen nicht am Gesicht die übliche Betroffenheit und negative Bewertung dieser Situation entnehmen kann.
Denn Ihr Gegenüber hat ein Recht, so zu sein, wie er ist! Er *darf* genervt sein, er *darf* angespannt sein, und er *darf* Sie vielleicht ein wenig provozieren.

Die Geschichte mit dem Spiegelsaal

Es gibt eine kleine Geschichte, die mehr als 2500 Jahre alt ist. Sie ist weise und schön. Bitte überzeugen Sie sich selbst:

Der Saal der tausend Spiegel
Irgendwo in einem Tempel gab es einen Saal der tausend Spiegel. Es begab sich, dass sich eines Tages ein Hund in diesem Tempel verirrte und in diesen Saal gelangte. Plötzlich, konfrontiert mit tausend Spiegelbildern, knurrte und bellte er seine vermeintlichen Gegner an. Diese zeigten ihm ebenso tausendfach die Zähne und bellten zurück. Worauf er noch tollwütiger reagierte. Das führte schließlich zu einer solchen Überanstrengung, dass er in seiner Aufregung daran starb. Einige Zeit verging, und irgendwann kam ein anderer Hund in den gleichen Saal der tausend Spiegel.

Auch dieser Hund sah sich tausendfach umgeben von seinesgleichen. Da wedelte er freudig mit seinem Schwanz, und tausend Hunde wedelten ihm entgegen und freuten sich mit ihm. Freudig und ermutigt verließ er den Tempel.

Wir ziehen alle
an einem Strang

Was haben andere davon, mit Ihnen zusammen zu arbeiten?

Angenommen, Sie würden tatsächlich auf der berühmten *einsamen Insel* wohnen. Dann wäre es ziemlich egal, ob Sie mit anderen Menschen Freund oder Feind sind, wie Sie im Gespräch (auf der einsamen Insel nur mit sich selbst!) wirken oder ob Sie ständig mit dem Finger in der Nase bohren.

Sobald wir aber mit anderen zusammenleben, ist es wichtig, wie wir mit anderen Menschen zurechtkommen, um beliebt zu sein, erfolgreich und möglicherweise sogar berühmt werden zu können? Vielleicht sind oder werden Sie ein genialer Erfinder oder eine Intelligenzbestie oder ein begnadeter Rhetoriker?

Aber was nutzt es Ihnen, wenn es keinem nutzt?

Was nutzt Ihnen jede *Kunst*, wenn Sie keinen Nutzen stiften? Sie erfinden Dinge, die keinem weiterhelfen, oder Sie können alles ergründen, aber niemandem irgendetwas erklären, oder Sie können alles vermitteln, aber immer nur das, was Menschen verletzt oder ausgrenzt: Was wird dann aus Ihnen?

Worum es auch in Ihrem Leben gehen wird, ist die Sache mit dem Nutzenstiften! Viele junge Menschen glauben, dass es vollkommen richtig sei, dass Erfolg bedeute, bereits mit 25 Jahren, nach erfolgreicher Berufsausbildung oder einem Studium die Ernte für seine Ausbildung einzubringen. Aber was wurde eigentlich bisher für die Gemeinschaft oder ein Unternehmen geleistet? Da ist einer ausgebildet worden, da konnte jemand sich an einer Hochschule weiterentwickeln, schön und gut. Aber hat er denn dann schon einen Nutzen gestiftet, der ihn berechtigen würde, einen außergewöhnlichen Lohn zu fordern?

Wäre es nicht wichtiger, darüber nachzudenken, was ich als Einzelner bisher an Nutzen gestiftet habe? Es gibt Stimmen, gerade aus der mittelständischen Industrie, die seit langem schon eine neue Bescheidenheit einfordern. Ein Beispiel soll es verdeutlichen: Noch vor wenigen Jahren wurden bundesweit händeringend EDV-Experten gesucht. Es gab Arbeit in Hülle und Fülle. Und den Gesetzen des Marktes folgend, erdachte man sich: Eine Verknappung auf dem Markt der Programmierer bei gleichzeitig hoher Nachfrage rechtfertigt

logischerweise die deutliche Erhöhung von Gehaltswünschen. Einstiegsgehälter von mehr als 140.000 € im Jahr waren keine Seltenheit. Wer etwas auf sich hielt, der reizte gnadenlos seine Marktmacht aus.
Die Unternehmen mussten notgedrungen einwilligen und gleichermaßen diese Kosten an die bestellenden und kaufenden Kunden weitergeben. Stundensätze von 250 € wurden üblich.
Mittlerweile ist der Katzenjammer riesengroß: EDV-Projekte werden zurückgestellt, weil sie zu teuer sind, und reihenweise schließen Software-Schmieden, weil die Aufträge ausbleiben. Ein Programmierer ohne Erfahrung draußen beim Kunden nutzt dem Unternehmer nur bedingt. Er programmiert vielleicht etwas, was der Kunde so nicht anwenden kann. Es ist nutzlos. Ein Programmierer, der aber gelernt hat, die Kundenwünsche zu realisieren, und das noch in einem vertretbaren Preis-Leistungs-Nutzen, der weniger Zeit benötigt, weil er besser organisiert ist, der darf und soll sein Geld verdienen.

Ein Arzt im Praktikum ist gut und wichtig, aber Kranke haben erst einen Nutzen, wenn dieser Arzt eingearbeitet ist und über ein großes Maß an Erfahrung verfügt. Bestellen Sie das Feld. Säen Sie ein. Pflegen Sie die jungen Triebe. Sorgen Sie für Wachstum. Schauen Sie, dass das, was Sie säen, anderen von Nutzen sein kann. Und dann kommt unaufhaltsam die Zeit der satten Ernte. Je mehr Sie an Nutzen stiften, desto bedeutender werden Sie in Ihrem Leben und in Ihrem Unternehmen, weil die anderen Sie anerkennen und gerne entlohnen werden.

Es gibt tatsächlich viele Mitarbeiter, die trotz hoher Qualifikation zu wenig Lohn erhalten. Es gibt Arbeitgeber, die nutzen Mitarbeiter aus. Dies ist ein wichtiges, aber dies ist ein anderes Thema. Hier wird dem Nutzen nicht entsprechend entlohnt.

Ein Ernten ohne vorherige konsequente Arbeit am Nutzen des anderen wird nicht möglich sein. Wirklich nicht.
Schon wieder werden Sie einen Einwand haben: Sie kennen jemanden, bei dem war es wirklich anders. Der hatte einfach nur Glück. Und Sie reklamieren zu Recht. Auch Sie haben Anspruch auf Glück. Ihr Einwand ist verständlich!

Die Sache mit dem Glück

„Glück?" Nach einem sensationellen Schlag sagte der Golfspieler: „Stimmt, das war ein Glücksschlag. Allerdings: Je öfter ich übe, umso mehr Glück habe ich!"

Was nutzt es Ihnen, morgen vielleicht ein Unternehmen zu erben, wenn es Ihnen nicht gelingen wollte, das Unternehmen durch den immer schnelleren Wandel der Zeit weiterführen zu können?

Es gibt Menschen, die ein sehr reiches Erbe antreten, welches sie kaum zerstören können. Diese leben in Saus und Braus, schön und gut. Aber wirklich erfolgreich? Nach außen hin sieht es mindestens so aus. Vielleicht werden solche Beschenkten aber niemals erleben können, wie es sich anfühlt, zu gewinnen. Gewinnen zu können, dort, wo kaum noch einer eine Chance gesehen hat, das ist Erfolg, oder? Es ist schwer erarbeitetes Glück.

Glücklichsein entsteht aus erlebten Erfolgen!

Wo können Sie Nutzen bieten?

Nachfolgend möchten wir einige Denkanstöße zum Nutzen für andere und für uns selbst anbieten.

Menschlichkeit

Seien Sie für andere da, wenn man Sie braucht. Es geht nicht um Selbstvergessenheit und Aufopferung. Es geht vielmehr um eine Grundeinstellung, dass Sie anderen vielleicht ein klein bisschen von dem zurückgeben könnten, was Sie an Liebe, Lob und Anerkennung selbst erhalten haben. Wohl wissend, dass manche Ihrer Zeitgenossen eine solche Lebenseinstellung gerne auch übermäßig beanspruchen würden, wenn Sie sie nur lassen würden. Sie dürfen und müssen im Einzelfall entscheiden, ob solche Überforderung für Sie noch erträglich ist. Dieses Recht haben Sie jederzeit. Denn Sie müssen nichts, niemals. Sie dürfen zu sich selbst stehen. Und Ihr Maß an Glück, Zufriedenheit und Ausgeglichenheit ist das Maß der Dinge in Ihrem Leben. Das ist die oberste Pflicht in *Ihrem* Leben.

Eines noch: Vielleicht erleben Sie, dass Sie ein Mensch nötigt, das eine zu tun, das andere zu lassen. Grundsätzlich ist die Nötigung kein Mittel einer respektvollen Kommunikation bzw. eines achtenden Miteinanders. Allerdings achten Sie einmal darauf:
Das Maß der Nötigung ist in aller Regel das Maß der Not, welches der Fordernde subjektiv empfindet. Wenn Sie die Not des anderen entdecken können, vielleicht gehen Sie dann „statt einer Meile zwei mit ihm"?

Anerkennung und Lob
Eine Erfahrung werden Sie auch immer und immer wieder machen: Je mehr Sie an ehrlicher Anerkennung und Lob verteilen, desto mehr erhalten Sie zurück. Zeigen Sie Ihrem Gegenüber, wie wichtig er Ihnen ist. Selbst dann noch, wenn Sie bemerken, dass er oder sie Ihnen keinen direkten Nutzen bieten kann. Verschwenden Sie Lob und Anerkennung, und Sie werden reich *beschenkt*.

Umwelt und Gesundheit
Achten Sie das, was Sie umgibt. Seien es Menschen, Tiere oder die Natur. Worum geht es? Es geht ausschließlich um Sie! Die Freude, die Sie verbreiten, wird Sie selbst beeinflussen und irgendwann auch zu Ihnen zurückfließen. In dem Maße, wie Sie Achtung vor anderen Kreaturen gewinnen, in dem Maße gewinnen Sie Achtung auch vor sich selbst.

Ähnlich der kleinen Geschichte mit dem Spiegelsaal werden Sie die Welt ein wenig gütiger, kostbarer und liebevoller gestalten, ... und Sie erkennen sich in allem wieder?!

Materieller Nutzen
Sie möchten als Ergebnis Ihrer Arbeit materiell gut situiert sein? Das ist richtig. Achten Sie bitte darauf, wie in unserem Beispiel mit den Programmierern, dass auch Sie Ihrem Arbeitgeber einen Mehrwert stiften. Vielleicht werden Sie selbst einmal ein Arbeitgeber. Dann sichern Sie Ihren Mitarbeitern, Lieferanten und Kunden einen wichtigen Nutzen.

Aber damit keine Missverständnisse aufkommen, achten Sie auch auf sich. Sie haben ein Recht auf eine angemessene Gegenleistung. Ein Beispiel ist hier im

Beruflichen der Lohn. Ist er angemessen, werden Sie zufrieden und bestätigt sein. Ist der Lohn unzureichend, so werden Sie Ihre Leistungen, Ihr Nutzenstiften, über kurz oder lang einstellen.

Auch Anerkennung kann ein Lohn für Ihre Arbeit sein. Wichtig ist für Sie hier nur, dass Sie das Gefühl haben und behalten, dass die Anerkennung, selbst wenn sie nicht materiell ausfällt, *Ihnen entspricht.*

Gut wäre ein Gleichgewicht aus Leistung und Lob, aus Nutzenstiften und Anerkennung durch den Leistungsempfänger.

Dieses Gleichgewicht aus Nutzenbieten und Anerkennung ist ein wichtiges Prinzip, welches Sie vor Ausnutzung schützen hilft und Sie nicht selbstvergessen werden lässt. Dies meint vor allem, dass Sie nicht Ihre eigenen Interessen und Ihr eigenes Wohl hinter dem der anderen zu Lasten Ihrer Zukunft zurückstellen.

Vielleicht ziehen Sie hier einmal Ihre erste Nutzenbilanz. Bitte nehmen Sie sich nun Papier und Bleistift und beantworten Sie die nachfolgenden Fragen mit Zeit und Geduld. Und selbst, wenn Sie spontan eher einen Hänger empfinden. Macht nichts. Ist eher normal. Hier sind Ausdauer und Beharrlichkeit der Schlüssel zum Erfolg.

Und wenn Sie möchten, dann schauen Sie immer wieder einmal auf diese Blätter und ergänzen Sie nach Herzenslust. ... Was da auf dem Papier dann wachsen wird, sind Sie!

Wer hat mich gefördert, und welchen Nutzen konnte ich zurückgeben?

Wer fördert mich in welchem Maße?

Wer konnte/kann durch mich gefördert werden?

Welche Anerkennung erhielt ich, und war es angemessen?

SO ZEIGEN WIR PROFIL

UNTERNEHMEN

Die Marke PUK steht für ein unabhängiges Privatunternehmen in der besten Tradition des deutschen Mittelstandes.

Wir beliefern Sie ausschließlich direkt mit Kabeltragsystemen, Kabelschellen und Unterflursystemen.

Mit PUK-Solarline bieten wir Ihnen Lösungen für die Installation von Photovoltaik-Anlagen.

Unser Unternehmen wurde im Jahr 1969 gegründet, aus den beiden Unternehmen Hermann Pohl OHG und Anton Klein OHG.

So können wir auf eine jahrzehntelange erfolgreiche Unternehmensgeschichte zurückblicken und erwirtschaften – ohne Beteiligungsgesellschaften – mit nahezu 300 Mitarbeitern einen Umsatz von knapp 100 Mio. Euro.

UNSERE LEISTUNGSBEREICHE

Beratung

Unsere Mitarbeiter im Außendienst und Vertrieb sind ausgewiesene Fachleute mit hohem technischen Sachverstand und langjähriger Erfahrung.
Sie stehen Ihnen für alle Fragen im Zusammenhang mit Kabeltragsystemen, Kabelschellen, Unterflursystemen und Photovoltaikanlagen jederzeit zur Verfügung.

Planung

An unserem Standort in Berlin stehen allen unseren Kunden die Ingenieure unserer technischen Abteilung zur Verfügung. Bei internationalen Großprojekten kooperieren sie mit den zuständigen Planungs- und Ingenieurbüros im In- und Ausland.

Montage

Unsere Montagekompetenz beweisen wir jedes Jahr auf rund 1.000 Baustellen.
Die Niederlassungen der PUK-WERKE betreuen kleine und mittelgroße Projekte flexibel und kundennah.
In einem Kraftwerk, beim Tunnelbau oder auf einem Flughafen müssen oft mehr als 100 Kilometer Kabelbahnen termingerecht geliefert und montiert werden.

Produktion & Logistik

In Deutschland fertigen wir in zwei modernen Werken in Berlin und Schönecken (Eifel) auf einer Produktionsfläche von mehr als 30 000 qm.

Auf leistungsfähigen und flexiblen Produktionsanlagen verarbeiten wir jährlich mehr als 20.000 t Stahl zu Kabeltragelementen, Unterflurkomponenten und Photovoltaik-Konstruktionen.

WWW.PUK.COM

Die fünf Säulen des Erfolges

Im zweiten Kapitel dieses Buches haben Sie bereits einiges zum Thema Erfolg und was Erfolg auch für Sie bedeuten kann, kennen gelernt. Sie konnten anhand von sechs Verfahrensanweisungen auf einen Blick Ihre Voraussetzungen für eine Erfolgsorientierung Ihrer Zukunftsgestaltung überprüfen:

1. Aktiv werden, sofort handeln
2. Das Beste geben
3. Probleme machen uns erfolgreich
4. Einzigartigkeit ermitteln und ausbauen
5. Wissen anhäufen
6. Tun Sie alles gerne!

Diese Grundregeln sind dazu da, Ihnen die Arbeit an Ihrem Erfolg wesentlich zu erleichtern. Aufbauend hierauf können Sie nun zur Tat schreiten.

1. Säule: Was bedeutet Erfolg?

Wenn Sie um sich schauen, dann sehen Sie erfolgreiche und weniger erfolgreiche Menschen in Ihrer näheren Umgebung und in der allgemeinen äußeren Realität. Sie stellen fest, dass Erfolg allgemein mit Reichtum und Berühmtheit übersetzt wird. Häufig hören Sie die Erfolglosen schimpfen und nörgeln, dass Erfolgreichsein nur bedeuten würde, egoistisch, ausbeuterisch und rücksichtslos sein zu müssen.

Vielleicht geht es Ihnen auch so, dass Ihnen zum einen die sogenannten Erfolgreichen (aus Presse, Funk und Fernsehen) eher seelenlos, unwesentlich und künstlich vorkommen und Ihnen zum anderen die Berufsnörgler auf die Nerven gehen? Da werden uns Menschen vorgeführt, die ihre Dummheit zu Markte tragen und damit bereits Millionen verdient haben. Oder aber wir lesen Berichte und Kommentare von Menschen, die Stimmungen verbreiten, so dass sich keiner mehr traut, etwas zu wagen oder einzusetzen. Diese Menschen betrachten es als Erfolg, Macht über andere zu haben.

Wie ist das mit Ihnen?

Definieren Sie Ihren Erfolg auf der nachfolgenden Seite. Welche Bedeutung hat Erfolg für Sie persönlich? Erarbeiten Sie sich Ihre Vorstellung vom Erfolg.

Was möchten Sie erreichen, welche Verantwortung möchten Sie übernehmen, welche Probleme lösen, welchen Fortschritt erreichen, welche Entwicklung vorantreiben und was auch immer mehr?

Was bedeutet für mich Erfolg?

Haben Sie Mut und Ausdauer – schreiben Sie es auf!

2. Säule: Will ich überhaupt erfolgreich sein?

Nachdem Sie vorhin für sich geklärt haben, was Erfolg für Sie bedeutet und zukünftig bedeuten wird, steht nunmehr für Sie die wichtigste Frage an: Will ich überhaupt erfolgreich sein? Diese Frage klingt sicher merkwürdig, oder?

Denn jeder Mensch möchte doch erfolgreich sein. Oder gibt es Menschen, die keinen Erfolg wollen? Es gibt sicher viele, die aufgegeben haben, weil sie Fehler gemacht und keine Kraft mehr haben, das Richtige zu tun.

Aber was meint die Frage dann, oder was will die Frage von Ihnen wissen?

Fragen Sie einmal in Ihrem Bekanntenkreis die Erfolgreichen, was es an Schweiß *gekostet* hat, nach oben zu kommen. Lassen Sie sich berichten, wie viel an Arbeit und Mühen für das Erreichen des Zieles (oder der Ziele) notwendig war. Die allermeisten werden Ihnen vielleicht etwas von Zeiten der Einsamkeit und des Selbstzweifelns erzählen. Sie werden hören, dass es eigentlich nie einen kurzfristigen Erfolg gibt. Meistens benötigen Sie Jahre des Durchhaltens!

Sicher, Glück haben ist toll, aber niemals verlässlich für die Zukunftsplanung! Sie kennen dies aus Ihrer Schulzeit. Da gibt es Schüler und Schülerinnen, die, offensichtlich ohne viel arbeiten zu müssen, gute Leistungen bringen. Diese *erzählen* dann auch noch, dass *Pauken* uncool sei. Sie bräuchten nicht viel zu machen, es ginge auch so.

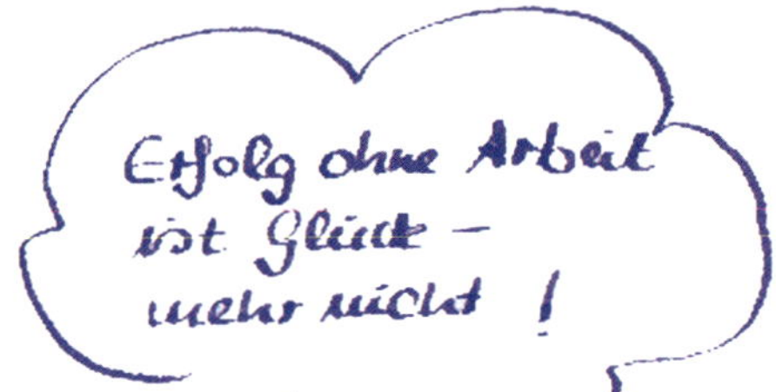

Sie wurden unsicher, weil Sie ein erhebliches Mehr an Zeit brauchten, um den Stoff zu verinnerlichen. Sie verstanden das nicht, dass z. B. Ihre Mitschülerin ständig auf Achse und in Aktion ist und Sie selber kaum Zeit für Unternehmungen aufbringen konnten. Was machten Sie falsch, was die andere richtig machte?

Noch ein Beispiel: Stellen Sie sich vor, Sie möchten sich selbstständig machen. Sie tragen sich mit dem Gedanken schon seit einigen Monaten. Alles ist gut vorbereitet. Sie legen los und stellen sehr schnell fest, dass Sie nicht unter 60 Arbeitsstunden pro Woche hinkommen. Meist arbeiten Sie noch am Wochenende nach, wozu Sie in der Woche nicht gekommen sind. An einem Samstagabend sind Sie zu einer Party eingeladen. Sie freuen sich sehr darauf und nehmen sich die Zeit dafür. Small Talk an jeder Ecke, Small Talk überall. Sie treffen alte Freunde und kommen schnell auf Ihre neue Selbstständigkeit. 80 Prozent der Leute, mit denen Sie sprechen, werden Ihren Tatendrang in etwa so kommentieren: „Ach was, wirklich? Das könnte ich aber nicht. Das wäre es mir nicht wert. Und außerdem lebe ich nicht, um zu arbeiten – sondern ich arbeite, um zu leben. Eine geregelte Freizeit ist mir wichtig. Und einmal im Jahr muss ich in Urlaub fahren können!"

Nach drei oder vier Jahren treffen Sie diese Leute wieder. Nun aber tragen Sie vielleicht eine tolle Uhr? Und vielleicht, weil Sie sich das leisten wollten, haben Sie ein Handy mit eingebauter Navigation? Vielleicht einen teuren Anzug, vielleicht ein zauberhaftes Kleid? Und auf dem Parkplatz wartet ein tolles Auto auf Sie? Jetzt sind Sie also wieder unter den Leuten. „Na wie geht es denn so? Habe von dir nicht so viel gesehen und gehört." Sie sagen nur, was nur kurz zu sagen ist. Auch schon deswegen, weil Sie diese Art von Gesprächen nicht mehr mögen. „Gut, wirklich gut. Bin zufrieden!" „Das ist aber schöööön!", kommt zurück, „… und sonst? Petra erzählte, du wärst im Urlaub gewesen." Sie erzählen, dass Sie im Kurzurlaub waren und dass Sie nach vier Jahren endlich mal wieder in die Sonne wollten. Es wird nicht lange dauern, und genau die 80 Prozent der Leute, die noch vor einiger Zeit Ihnen erklärten, dass eine solche Schufterei nichts für sie wäre, werden jetzt eher neidvoll resümieren: „Na ja, bei dem Geld. Wenn man es sich leisten kann. Wenn Geld keine Rolle mehr spielen würde, dann würde ich ja auch …" Nur wenig Menschen kommen auf Sie zu, wie sie das schon vor Jahren taten, und gratulieren zu Ihrem Erfolg, wie sie es vorher zu Ihrem Entschluss ebenfalls schon taten.

Es kann sein, dass Sie dieses Beispiel für eine überzogene Karikatur halten. Vielleicht ist das so? Was Sie aber in jedem Fall erleben werden, wenn Sie sich auf die *Socken* machen, um Ihren Erfolgsweg zu gehen: Sie werden immer mehr Menschen erleben, die Sie bremsen wollen, als die, die Sie unterstützen! Und vielleicht ist dies ein Zug der Zeit, der augenblicklichen Stimmung, dass eben viel mehr Menschen Unmöglichkeiten sehen als Möglichkeiten? Dann wundert es nicht, dass diese Schwarzseher alles an Ideen und Tatendrang kurz und klein reden müssen, nur um selbst nicht die Verantwortung für den eigenen Misserfolg tragen zu müssen.

Erfolg hat nur der Tüchtige?

Ein Priester kam eines Tages an einem wunderschönen Bauernhof vorbei. Er hielt an und bestaunte dieses herrliche Anwesen. Da sah er den Bauern und sprach ihn an: „Da hat es der Herr aber gut mit Ihnen gemeint, als er Sie mit diesem wunderbaren Hof segnete. Sie sollten sehr dankbar dafür sein!" „Bin ich auch", antwortete der Bauer. „Ja, der Herr hat mich mit dem schönen Bauernhof gesegnet. Aber Sie hätten das hier mal sehen sollen, als noch alles dem Herrn gehörte."

Lassen Sie sich nicht von denen entmutigen, die keinen Erfolg wollen oder erfolglos geblieben sind.

Entscheiden Sie sich jetzt, möchten Sie Ihre Vorstellungen von erfolgreichem Leben umsetzen? Dabei ist es nicht wirklich wichtig, ob Sie nun eine Karriere als Angestellte(r) oder Unternehmer(in) planen.
Es kann sein, dass Ihnen sozusagen vor der Arbeit dort hin – zu Ihrem Ziel – eher graut. Aber lassen Sie es sich versichern, es gibt keinen anderen Weg.
Und es gibt keinen beglückenderen Weg! ... Ich persönlich glaube, dass der eigene erlebte Erfolg, nämlich der, der nicht vorhersehbare, der, der sich nur über den schwierigen Weg ergebende, wirklich glücklich macht.
Also kopieren Sie diese Vertragsvorlage aus diesem Buch, unterzeichnen Sie sie feierlich und lassen Sie es endlich beginnen!

Herzlichen Glückwunsch, Ihre erste und wichtigste Entscheidung haben Sie getroffen!

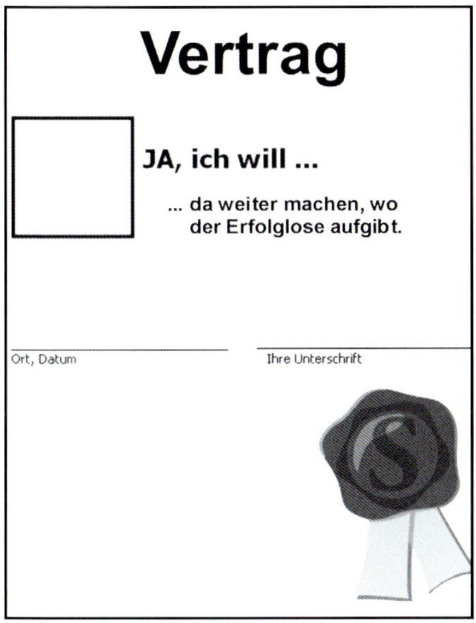

Vertrag

JA, ich will ...

... da weiter machen, wo der Erfolglose aufgibt.

Ort, Datum

Ihre Unterschrift

3. Säule: Auf welchem Gebiet möchte ich erfolgreich werden?

Wissen Sie schon, was Sie werden möchten, oder wissen Sie, wie Sie sich weiterentwickeln möchten? Wissen Sie, worin Sie Ihren Erfolg ernten möchten? Sehen Sie sich als begnadeten Handwerker, der weit über die Stadtgrenze hinaus empfohlen wird und erfolgreich ist? Oder wissen Sie um Ihre Begabung, mit Kindern und Jugendlichen sehr gut arbeiten zu können? Können Sie gut Inhalte vermitteln? Wussten Sie schon sehr früh von Ihren sprachlichen Talenten, und können Sie sich gut vorstellen, mit Sprachen zu arbeiten? Sind Sie technisch begabt, oder können Sie gut mit Zahlen umgehen? Sind Sie sozial besonders engagiert?

Es heißt, dass 80 Prozent der Studenten der Betriebswirtschaft in Köln nicht wissen, *wozu* sie studieren!

So viele Menschen machen etwas, ohne genau zu wissen, was sie eigentlich wollen – was das Ziel der Maßnahme ist. „Dann gehe ich nach dem Abi erst einmal zur Uni, und dann schauen wir weiter!" Nicht alle erreichen den Abschluss.

Wozu auch? Sie wussten sowieso nicht, wofür sie es taten.

Beobachten Sie einmal genau die Menschen in Ihrem Umfeld. Fragen Sie stichprobenartig einmal, wozu der eine dies und der andere das macht. Sie werden erstaunt sein! Da sind sicher viele, die Ihnen erklären können, warum sie etwas tun. Aber sie werden nur wenige finden, die spontan erklären können, wozu es dient.

Der kleine Unterschied

Interessanterweise sind die meisten auf die Frage nach dem *Warum* vorbereitet. Dieses Warum hat in aller Regel immer etwas mit Rechtfertigung zu tun. Da werden Gründe, Umstände und Situationen beschrieben, die immer aus der *Historie* kommen. „Weil das so eingetreten ist, habe ich das so entschieden." Oder: „Meine Eltern haben erwartet, dass ich Lehrer werde, deswegen studiere ich auf Lehramt." Dieses *Warum* ist also immer ein Blick in die *Vergangenheit*. Es beschreibt nicht, was zukünftig erreicht werden soll. Es trifft keine Zukunftsaussage. Das *Wozu* fragt nicht nach Umständen, Geschichten oder Begründungen einer Entscheidung. Es klärt einzig die Frage nach dem *Sinn*, der sich *zukünftig* aus einer Entscheidung bzw. einer Handlung heraus ergeben wird.

Sie möchten eine Weiterbildung beginnen? Vielleicht möchten Sie einen Meisterbrief erwerben? *Warum* machen Sie dies? – Da kommen Antworten, dass Sie es vielleicht schon immer *wollten*. Vielleicht ist dieser Meisterbrief eine (*alte*) Tradition in Ihrer Familie. Möglicherweise glauben Sie schon seit Ihrer Jugend, dass Sie nur mit Meisterbrief ein wirklich guter Versorger der Familie seien können?

Das *Wozu* klärt vielmehr die zukünftigen Erwartungen. Sie möchten den Meisterbrief, weil Sie sich selbstständig machen möchten. Sie rechnen sich für die Zukunft bessere Chancen in Sachen Handwerk aus?

Probieren Sie es einmal an sich aus. Fragen Sie sich erst, warum Sie welche Entscheidungen in Ihrem Leben getroffen haben. Im zweiten Schritt überprüfen Sie die gleichen Entscheidungen einmal mit dem Wozu.

Da es immer um wichtige Entscheidungen ging und geht, sollten Sie diese Übung schriftlich machen:

Mit diesem kleinen Test werden Sie eine wichtige Erfahrung machen. Sie lernen zu unterscheiden, ob etwas jetzt deswegen angesagt sein wird, weil mögliche Umstände sich so gefügt haben, oder ob Sie ein Ziel wirklich in die Zukunft hinein sinnvoll ausrichten können.

Vielleicht geht auch beides? So können Sie beispielsweise ein Steuerberater werden wollen, weil Ihr Vater eine erfolgreiche Beratungsgesellschaft betreibt und Sie die Nachfolge antreten möchten.

Also noch einmal:
Auf welchem Gebiet möchte ich erfolgreich sein?

Wenn Sie Ihre Antwort noch nicht kennen, so erstellen Sie einmal eine Analyse Ihrer Begabungen.

Erarbeiten Sie Ihr Anlagenprofil!

Seien Sie in dieser Eigenanalyse möglichst offen. Auch ist es sinnvoll, wenn Sie andere Menschen zu den folgenden Punkten befragen können. Das wird Ihnen einen umfassenderen Blick ermöglichen. Denken Sie aber daran: Es sollten wohlwollende Menschen sein.

Welche Besonderheiten bringe ich mit?

Sind Sie Leistungssportler oder haben Sie sich etwas erdacht? Denken Sie beispielsweise viel über Politik nach? Sie sind ein Tüftler? Unterhalten Sie seit langer Zeit eine Brieffreundschaft, vielleicht korrespondieren Sie dabei in einer anderen Sprache? Sind Sie zweisprachig aufgewachsen? Alles das und vieles mehr sammeln Sie bitte und schreiben es auf!

Welche Neigungen oder Begabungen habe ich?

Sind Sie naturwissenschaftlich begabt? Sind Sie ein Sprachengenie? Können Sie sich gut in die Technik hineindenken? Ich kenne persönlich einen wirklich unglaublich technisch begabten Mann, der jedes Problem zu lösen weiß – diese Begabung hat er! Allerdings kann er weder lesen noch schreiben. Er arbeitet seit vielen Jahren in einem großen Unternehmen sehr erfolgreich. Von der reinen Papierform her hätte ihn keiner eingestellt.

Welche Abneigungen habe ich?

Sie mögen keine lärmenden Kinder – deswegen wird es also nichts mit Pädagogik? An welcher Stelle merken Sie, dass es zu viel für Sie wird?

Welche Aufgaben habe ich im privaten Bereich gelöst?

Haben Sie als Gruppenleiter einer Jugendgruppe gewirkt? Sind Sie Trainer bzw. Trainerin einer Fußballmannschaft? Vielleicht sind Sie in einem Verein engagiert? Für was setzen Sie sich ein, was ist Ihnen (auch in Ihrer Freizeit) wichtig?

Welche Aufgaben habe ich im beruflichen Bereich gelöst?

Welche Ferienjobs oder Praktika haben Sie übernommen? Welchen Job haben Sie trotz größter privater Belastung gemeistert? (Ach übrigens: Kennen Sie den Werbespot von Vorwerk? „Die Familienmanagerin" – einfach klasse, oder?) Bleiben Sie nicht zu bescheiden!

Welche positiven und negativen Erfahrungen habe ich gemacht?

Erfahrungen in Stresssituationen bei der Übernahme von Verantwortung?

Wie komme ich bei anderen Menschen an?

Gehen Sie auf Menschen zu? Fühlen Sie sich in einer Gruppe wohl?

Was trauen mir andere zu?

Wo sehen andere Ihre Stärken und Schwächen?

Wie ist mein Charakter?

Sind Sie ehrlich, verlässlich, optimistisch, introvertiert, spontan …?

Wie sind meine Fachkenntnisse?

Abschlüsse, Auslandsaufenthalt, EDV-Kenntnisse?

Wie kreativ bin ich?

Können Sie spontan eine Rede halten? Schreiben oder malen Sie?

Wie gehe ich Probleme an?

Denken Sie logisch oder analytisch? Sind Sie eher der intuitive Typ? Bleiben Sie am Ball, oder laufen Sie weg? Stehen Sie Ihre Frau oder Ihren Mann? Ist auf Sie Verlass?

Was ist mein größter Traum?

Möchten Sie einmal Unternehmer werden? Oder möchten Sie die Abteilungsleitung übertragen bekommen? ... Vielleicht möchten Sie mit 60 eine Segeltour mit Ihrer Liebsten oder mit dem besten Freund unternehmen?

Auf welchem Gebiet/welchen Gebieten möchte ich erfolgreich sein?

Lassen Sie sich Zeit. Mehrfachnennungen sind erwünscht, denn streichen können Sie immer noch. Was reizt Sie? Nur Mut:

4. Säule: Ich kann alles lernen!

Es gibt Menschen, die verlassen die Schule, die Lehre, das Studium und glauben, sie hätten nun alles gelernt. Der Rest an Wissen käme dann buchstäblich durch Versuch und Irrtum.

„Viele Menschen wollen nur aus ihren Fehlern lernen. Das funktioniert nicht. Denn wenn Sie wissen, was falsch ist, wissen Sie noch lange nicht, was richtig ist." (Nikolaus B. Enkelmann, Motivations- und Erfolgstrainer)

Erinnern Sie sich noch an die einführenden Worte zu diesem Buch?

Lernen Sie doch lieber gleich das Richtige. Sie können von denen lernen, wie Sie erfolgreich werden, die heute schon erfolgreich sind. Wer ist in Ihrem Umkreis ein Vorbild für Sie? Sprechen Sie ihn/sie an. Erfragen Sie sein/ihr Erfolgsrezept. Oder lesen Sie Biographien von erfolgreichen Menschen. Lassen Sie sich inspirieren von erfolgreichen Persönlichkeiten. Wer kann, wer darf Ihr Vorbild sein? In dem Maß, wie Sie Vorbilder akzeptieren, werden Sie Ihr Unbewusstes bzw. Ihr *Zukunftsorgan* beauftragen, dem Vorbild nachzueifern. Jahrzehntelang war es in der Leichtathletik unvorstellbar, dass je ein Mensch die 100 Meter unter zehn Sekunden laufen kann. Als vor einigen Jahren zum ersten Mal ein Läufer die Zehnsekundenmarke unterbot, da schafften es plötzlich auch noch andere Läufer.

Wir lernen am allerbesten durch Vorbilder!

Vorbilder können Ihnen Erfahrungen vermitteln, die Sie benötigen, um zielstrebiger ohne Reibungsverluste an Ihr Ziel zu kommen. Dazu gehören Kontakte, die Sie bereits während Ihrer Schulpraktika knüpfen können.

Fragen Sie nach Empfehlungen. Was sollten Sie tun, um Ihr Ziel günstiger erreichen zu können? Oder Sie fragen, was man Ihnen konkret empfehlen kann, damit Sie nach Ihrem Schulabschluss einen Ausbildungsplatz in diesem Betrieb bekommen können.

Welche Voraussetzung würden Ihre Einstellungschancen erhöhen? Wenn Sie sich an einer Universität einschreiben wollen, dann knüpfen Sie Kontakte zu Ihrer Universität. Vielleicht holen Sie sich Informationen in den Sekretariaten? Die Schul- und Semesterferien finden nicht zeitgleich statt. Gehen Sie in die Uni und fragen Sie nach Kontakten. Da gibt es Studentenvertretungen, die können Sie ansprechen und fragen, was Sie als möglicher Studienanfänger zu beachten haben. Fragen Sie die Studenten, die Sie treffen, was sie empfehlen oder nicht empfehlen können. Auch hier können Sie sozusagen von Vorbildern profitieren. Zugegeben, dieses Verfahren ist etwas aufwändig, aber warum nicht?

Wer hat vor Ihnen schon diese Weiterbildungsmaßnahme durchlaufen? Gibt es Kollegen, die in gleicher Situation sind, wie Sie? Vielleicht bemühen Sie einmal das Internet? Wer weiß, wen Sie dort als Gleichgesinnte treffen können?!

5. Säule: Die Fähigkeit, erfolgreich zu sprechen

Wir besprachen bereits auf den ersten Seiten dieses Buches die Notwendigkeit, gut sprechen zu können. Denn wer sprechen kann, wird zum Befürworter (s) einer Sache und erfolgreich werden müssen.

„Die Menschen zeigen ihren Mut beim Bungeejumping, aber eine Rede zu halten getrauen sie sich nicht!"
(Roland Herzog, 1994–1999 Bundespräsident)

Die Rhetorik (die Redekunst) hilft Ihnen, an Ihre großen Ziele zu kommen. Haben Sie wirkliche Ziele, dann ist die Rhetorik für Sie ungeheuer spannend. Hat ein Mensch keine Ziele, dann ist die Redekunst einfach nur langweilig und nichtssagend.

Ein Mensch, der gebeugt und gedrungen erzählt, dass er einmal eines Tages erfolgreich sein wird, von dem *wissen* Sie sofort, dass er es nie erleben wird.

Hingegen ein Mensch mit einer guten Aussprache, der aus dem Brustton seiner Überzeugung sagen kann, dass er große Ziele hat und sie erreichen wird, der begeistert andere und motiviert sich selbst!

Viele Menschen glauben, sie haben eine positive Ausstrahlung auf andere, nur weil sie positiv denken. Das allein reicht noch nicht aus. Denn oft mangelt es in ihrer Aussprache, am Aufbau ihrer Satzkonstruktionen, der negativ dominiert ist. Statt einer halbvollen *sehen* diese Menschen nur halbleere Flaschen. Diese Menschen beklagen alles und suchen nicht nach eigenen Möglichkeiten.

In der folgenden kleinen Tabelle finden Sie einige Beispiele und mögliche Alternativen:

Achten Sie einmal auf die Sprechweisen in Ihrer Umgebung. Je mehr Ihnen auffällt, desto öfter werden Sie ganz automatisch in Ihrer Formulierung auf die ansprechendere Aussprache achten.

„Was ist der Unterschied zwischen positiv und negativ denkenden Menschen?", fragte der Radiomoderator vor einiger Zeit einen Gast. Der Gast stockte ein wenig und antwortete: „Beide sind einseitig Irrende! … Nur der positiv Denkende hat mehr Freunde, mehr Freude, lebt gesünder und hat mehr Spaß im Leben!"

falsch	richtig
Vorwurf	Hinweis
nicht erreicht	knapp verfehlt
Konflikt	Diskussion
Verboten	was erlaubt ist
Tricks	Möglichkeiten
Belehren	Hinweisen
Es ist zu befürchten	Wir können erwarten
Bis 10.00 Uhr geschlossen	Ab 10.00 Uhr geöffnet
falsch	beinahe richtig
halb leer	halb voll

Was möchten Sie? Sie können schwarzsehen, Sie können auch glücklich fühlen.

So oder so kann es sein, dass Sie objektiv gesehen irren? ... Aber bis dahin waren Sie als positiver Mensch wenigstens glücklich! Und wenn es nicht günstig für Sie gewesen wäre, so finden Sie auch hier eine gute Lösung für sich, weil Sie es sind, der Ihr Leben gestaltet, oder?

Sprachhemmung überwinden

Wenn ein Mensch Hemmungen hat, dann werden diese Hemmungen am deutlichsten bei der Sprache zu finden sein.

Der eine hat feuchte Hände, ein anderer einen trockenen Mund, wieder andere haben Bauchschmerzen, Schweiß auf der Stirn und höllisches Lampenfieber. Noch andere sprechen, wenn sie gehemmt sind, viel zu schnell oder haben plötzlich einen Blackout.

Hemmungen lassen sich am wirkungsvollsten an der Stelle bekämpfen, wo sie in Erscheinung treten. Wenn Sie merken, dass Sie beim Sprechen vor einer größeren Gruppe zu zittern anfangen, dann stellen Sie das Zittern ab, indem Sie mehr und mehr vor größeren Gruppen zu reden beginnen. Beginnen Sie ganz einfach, indem Sie sich zu Hause selber Zeitungsartikel oder ein Buch möglichst laut vorlesen. Nicht still und leise, sondern laut und deutlich.

Sagen Ihre Freunde, dass Ihre Stimme zu leise ist, dann probieren Sie einmal aus, wie es sich anfühlt, wenn Sie im Wald oder in einem Park (nur nicht nahe eines Wohngebietes oder nahe einer Menschenmenge), notfalls im geschlossenen Auto mal so richtig *aufdrehen*. Seien Sie so laut, wie Sie können. Stellen Sie sich in der Phantasie eine Horde tobender Kinder vor, die Sie zum Zuhören auffordern wollen.

Oder Sie treten einem guten Chor oder einer Laienschauspieltruppe bei und investieren so in eine klangvollere Stimme. Oder Sie gründen mit ein paar Freunden und/oder anderen Schülern eine Rhetorikgruppe. Vielleicht finden Sie in Ihrer Schule Unterstützung von Lehrern oder Praktikanten. Und wenn nicht, dann schalten Sie eine kleine Annonce in der regionalen Presse, das kostet nicht viel oder gar nichts, und Sie haben so die Gelegenheit, mit anderen Menschen zu üben.

Wenn diese Maßnahmen Ihnen immer noch nicht den gewünschten Erfolg bringen, dann nehmen Sie einige Stunden Sprechunterricht bei professionellen Sprachtrainern.

Mit der wachsenden Fähigkeit, deutlich und prägnant zu sprechen, wird immer auch das Selbstwertgefühl wachsen!

Und wenn Ihr Selbstwertgefühl auf festen (sprachlichen) Fundamenten steht, dann können Sie andere wesentlich besser ansprechen und für sich und Ihre Sache begeistern!

Sympathie ist kein Zufall!

Es gibt Menschen, die sind so schön, dass man glauben müsste, dass gerade sie nie und nimmer Schwierigkeiten haben würden, andere Menschen für sich zu gewinnen.
Und es gibt solche, die auf den ersten Blick eher nur normal und überhaupt nicht spektakulär wirken, aber eine ungeheure Anziehung ausüben. Was ist ihr Geheimnis? Oder was machen diese Menschen anders als die von der Natur bevorzugten? Und was hieße überhaupt bevorzugt? Die Frage ist doch, was uns Menschen, was Sie im Besonderen, wesentlich macht. Sind Schönheit und Jugend wirklich wesentlich? Ja, sie dürfen und sollen jung und schön sein; aber Jugend und Schönheit sollten nicht die einzige Antwort auf Leben und Sinnhaftigkeit bleiben.

Die Sekunden der Entscheidung

Mit das Wichtigste im Umgang mit Menschen sind die ersten Momente im Kontakt zu einem (bisher) unbekannten Gesprächspartner. Diese Zeit ist extrem sensibel und bedient ausschließlich nur den Bauch – das Unbewusste Ihres Gegenübers.

Hier entscheidet sich tatsächlich bereits zu Beginn eines Gespräches, ob Sie wirklich *punkten* werden. Das Absurde und nunmehr für uns Verständliche ist, dass es hier nicht um die Inhalte eines Gespräches geht. Völlig unabhängig von möglichen Inhalten müssen wir einsehen, dass in den ersten Sekunden entschieden wird, ob wir ankommen dürfen.

Erschwerend kommt noch hinzu, dass Ihr Gegenüber, wie Sie selbst, keine Chance des logischen oder reflektierten Denkens hat. Auch er wird im Zweifel nicht wissen, warum er Sie so ungeheuer sympathisch empfindet und andere womöglich bereits nach kurzer Besprechungszeit durchs Raster fallen lässt.

Zu Beginn einer jeden Beziehung, und dies ist selbst bei Einstellungsgesprächen oder Beförderungsgesprächen zu beachten, ist es von entscheidender Wichtigkeit, dass erst einmal Vertrauen wachsen, gedacht oder besser noch *empfunden* werden kann. Und dies geschieht nie durch Worte!

Sie könnten reden, so viel Sie möchten: Sie würden nichts erreichen. Gestalten Sie Atmosphäre. Lächeln Sie ein wenig. Denken Sie an Ihre augenblickliche großartige Möglichkeit, alles zu erreichen. Schauen Sie anerkennend; seien Sie aufmerksam hinsichtlich der schönen Bilder im Empfang oder im Besprechungszimmer, beachten Sie die geschmackvolle Einrichtung, die freundlichen Mitarbeiter, denen Sie eben noch begegnet sind. Und denen, die nicht so freundlich waren? ...

Es interessiert Sie nicht wirklich. Wozu auch? Sollten die etwa am Ende ungefragt noch den Ausschlag für Ihre Zukunftsgestaltung geben? Nicht, wenn Sie nicht wollen!

Vielleicht sind Sie Berufsanfänger, der eine Chance für den Start in sein Leben sucht? Möglicherweise möchten Sie etwas verändern, um zufriedener zu arbeiten bzw. die nächsten Jahre in Ihrem Job zu sein? Es kann sein, dass in den nächsten Wochen das Jahresgespräch in Ihrem Unternehmen ansteht, um weitere Schulungsmaßnahmen oder die gehaltliche Situation zu besprechen. Oder beides? Wie dem auch sei, es ist für Ihren Erfolg wichtig, das nächste Kapitel aufmerksam zu lesen und zu beherzigen.

Aufbau eines zielgerichteten Gespräches

Jedes zielgerichtete Gespräch lässt sich strukturell in fünf Abschnitte oder Phasen einteilen. Vor jeder Aktion steht immer die *Vorbereitungsphase*. Hier geht es darum, die eigenen Ziele zu definieren, die eigene Motivation zu prüfen, Informationen zu sichten und alle anderen praktischen Sachen vorzubereiten.

In der *Eröffnungsphase* erzeugen Sie ein gutes Klima, um das Gespräch günstig zu beeinflussen. Hier geht es in erster Linie um vertrauensfördernde Maßnahmen.

In der dritten Phase, der *Bedarfsanalyse*, gilt es für Sie, zu verstehen, was sich Ihr Gegenüber unter einem geeigneten Mitarbeiter vorstellt. Welche konkreten Erwartungen werden an den neuen Mitarbeiter oder an die Auszubildende gestellt? Wie stellt sich Ihr neuer Arbeitgeber eine Zusammenarbeit vor? Was ist ihm besonders wichtig? Was möchte er in seinem Unternehmen unbedingt erreichen oder vermeiden? Wenn Sie eine Selbstständigkeit planen, dann ist es in dieser Phase wichtig, herauszubekommen, was Ihr Geldgeber (Bank) von Ihnen erwartet oder welche Vorstellungen Ihr zukünftiger Geschäftspartner hat.

In der vierten Phase, der *Angebotsphase*, geht es nun um Ihr Angebot einer Zusammenarbeit. Was haben Sie zu bieten? Was bringen Sie mit? Und besser noch, was können Sie von dem bieten, was Ihr Gegenüber bereits in der Phase zuvor an Erwartungen formuliert hat? Wenn Ihnen die Formulierung Ihrer Stärken und Fähigkeiten mit seinen Worten der Erwartung bzw. seines Bedarfes gelingt, dann gelingt Ihnen das Gespräch ziemlich sicher. Auch schon weil der andere merkt, dass Sie sich mit ihm und seinen Vorstellungen auseinandersetzen.

In der letzten Phase, der *Abschlussphase*, fassen Sie eigentlich nur noch das zusammen, was an Bedarf und Angebot durch sie beide erarbeitet worden ist. Fragen Sie ruhig nach dem Zeitpunkt einer möglichen Entscheidung. Dies wirkt nicht aufdringlich. Wenn die Phasen der Bedarfsanalyse und die der Angebotsphase gut verlaufen sind, dann wirkt diese Frage zielstrebig, ist berechtigt und zeigt, dass Sie aktiv sind.

Kommen wir nun im Einzelnen zu den jeweiligen Phasen und ihren Besonderheiten.

Die Vorbereitungsphase

Wenn Sie bis hierhin das Buch sorgfältig gelesen haben, dann werden Sie schon wissen, was Sie alles bereits an Vorbereitung getroffen und überdacht haben.

Ihre To-do-Liste am Abend vor dem Vorstellungsgespräch

- Mappe für die Unterlagen bereitlegen
- Einladungsschreiben zum Vorstellungsgespräch herauslegen
- Name und Telefonnummer des Ansprechpartners/der Ansprechpartnerin notieren
- Kugelschreiber und Notizblock einstecken
- Liste mit Ihren Fragen an das Unternehmen zusammenstellen
- Kopie der Bewerbungsunterlagen erstellen
- Eventuell Arbeitsproben mitnehmen
- Schuhe putzen
- Brille putzen
- Wecker stellen, evtl. auch einen zweiten
- Prüfen, ob Ihre Uhr richtig geht
- Falls Sie ein Prepaid-Handy haben, laden Sie es auf oder nehmen zur Reserve eine Telefonkarte mit
- Routenplan bereitlegen, wie Sie zum Unternehmen fahren
- Kleinigkeit zum Essen einpacken (z. B. Müsliriegel, Wasser und Pfefferminzbonbon)
- Ein Päckchen Tempotaschentücher einstecken

Ihre Motivation

Welche Motivation bringen Sie für den zukünftigen Job mit. Aus welchen Gründen reizt das Angebot? Nichts ist schlimmer, als dem Gegenüber das Gefühl zu geben, man wisse gerade sonst nichts anderes zu tun.

Wenn Sie einen überzeugenden Eindruck hinterlassen möchten, werden Sie sich erst mal klar darüber: Wo bin ich, wem stehe ich gegenüber, was will ich erreichen?

Die Eröffnungsphase – Gesprächsklima erzeugen

Jedes Gespräch lebt im Wesentlichen von der Eröffnung. Je besser eine Stimmung in der initialen Phase eines Gespräches gestaltet werden kann, desto besser. Alles andere ergibt sich aus der positiven Stimmung. Glauben Sie es, Sie werden Menschen gewinnen!

Beachten Sie die Intimzonen

Vielleicht werden Sie von einer Sekretärin aufgefordert, in das Zimmer des Personalchefs einzutreten. Oder als zukünftiger Kreditnehmer kommen Sie in das Besprechungszimmer Ihres Geschäftskundenberaters Ihrer Bank. Was bedeutet hier Intimzone? Denken Sie sich einmal, dass das Büro Ihres Gesprächspartners so etwas wäre wie eine Art Hoheitsgebiet. Dort können Sie nicht so einfach navigieren, wie es Ihnen beliebt.

Warten Sie möglichst schon am Eingang des Zimmers auf die Weisungen Ihres Gesprächspartners. Bevor er oder sie Ihnen keine Anweisung gibt, bleiben Sie einfach freundlich lächelnd stehen.

Es kann sein, dass Sie tatsächlich einige Augenblicke stehen bleiben müssen. Würden Sie jetzt diese Spannung nicht aushalten und zu seinem Schreibtisch vorpreschen, so würden Sie ihm im wörtlichen Sinne auf die Pelle rücken.
Es könnte doch sein, dass er auf dem Schreibtisch noch diskrete Dinge ausgebreitet hat. Wie soll er sich fühlen, wenn er Sie unmittelbar und unaufgefordert vor dem Schreibtisch aufgepflanzt sieht?

Vielleicht lässt er Sie einen Augenblick warten, um Ihre Umgangsformen kennen zu lernen? Sie bleiben einfach freundlich lächelnd stehen!

Stellen Sie sich positiv auf Ihren Gesprächspartner ein

Unterstellen Sie Ihrem Gesprächspartner, solange Sie nur können, dass er es mit Ihnen nur gut meinen kann. Egal, was passiert. Er kann Sie nicht kennen und also niemals persönlich meinen, wenn er Sie beispielsweise in Frage stellt.

Halten Sie ihn für einen anständigen Menschen, den vielleicht etwas plagt. *Nur Sie sind es nicht, der ihn plagt!* Freuen Sie sich nach Möglichkeit auf das Gespräch und über Aufmerksamkeiten im Gespräch. Die obligatorische Frage nach der guten Anreise ist doch pures Interesse an Ihnen, was sonst. Vielleicht möchte er Ihnen auch helfen, das Eis zu brechen. Und vielleicht weiß Ihr Gegenüber schon längst, dass Sie nervös sind? Nervös zu sein ist ganz natürlich, es macht sogar sympathisch.

Der Handschlag

Hat man Ihnen auch als kleines Kind beigebracht: „Gib schön das Händchen, blicke dem anderen in die Augen und lächle dabei"?

Falsch – Warten Sie ab, ob man Ihnen die Hand zur Begrüßung reicht. Grundsätzlich gilt: Der Ranghöhere, also der Vorgesetzte entscheidet, ob er dem Rangniederen – dem Bewerber – die Hand reichen möchte oder nicht.
Kommt es zum Handschlag, sollte man weder zu lasch noch zu fest zufassen. Der Handschlag ist der gefühlte „erste Eindruck". Hier kommt zum ersten Mal der direkte Kontakt zwischen zwei Menschen ins Spiel. Der Handschlag ist eine nette Geste, die durch einen Moment der Nähe rasch Vertrauen schaffen kann. Auf jeden Fall sollten Sie beim Händedruck die zweite Hand aus der Hosentasche nehmen. Egal wer Ihnen die Hand reicht, eine gereichte Hand wird immer entgegengenommen.

Im Eifer des Gesprächs vergessen einige Leute, die Hand des anderen loszulassen. Denken Sie daran: Hände werden gereicht und nicht *geschüttelt*, also maximal zwei bis drei Sekunden. Sind Ihre Hände vor lauter Aufregung schwitzig-feucht, hilft es Ihnen, wenn Sie Ihre Hände kurz vor dem *gefürchteten* Händedruck einen Moment unter kaltes Wasser halten. Ein Taschentuch in der Jackentasche, das Sie vor der Begegnung einige Sekunden lang fest in die Hand nehmen, kann auch helfen.

Machen Sie ein freundliches Gesicht – schauen Sie ihn an

Bitte schauen Sie nicht weg, schauen Sie Ihr Gegenüber an. Das tut jedem gut, auch Ihrem Gegenüber.

Erinnern Sie sich noch an die paradoxen Situationen? Wenn nicht, dann schauen Sie bitte einmal auf das nachfolgende Foto einer Leichenhand. Ein junger und dynamischer Mann freut sich förmlich ein Loch in den Kopf. Seinem zukünftigen Chef reicht er die Leichenhand.

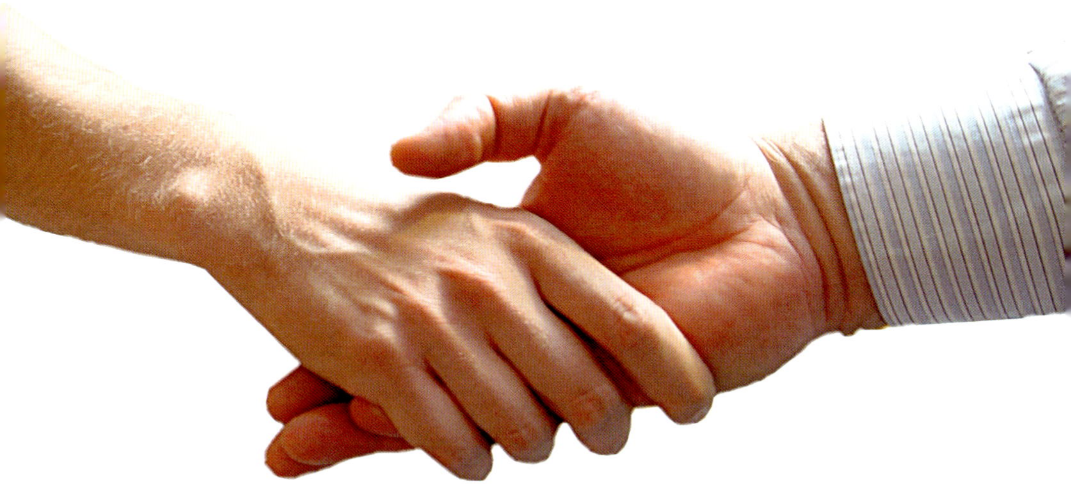

Glauben Sie, dass dieser Mann so etwas wie Leistungswillen und Engagement vermitteln kann? Und sehr wahrscheinlich schaut dieser Mann auch noch nach unten auf den Boden! Wird diese Haltung Vertrauen wecken, was meinen Sie?

Was auch immer dieser Mann vorhat, hier wird er kaum erste Wahl werden können.

Sie kennen sicher das Spiel aus allen Bussen und Bahnen dieser Welt: Sie sitzen einem Fremden gegenüber und schauen ihn so lange an, bis er entweder lächelt oder wegschaut. Kennen Sie das? Dabei muss der Gewinner in der Lage sein, möglichst ohne Gesichtsregung das Gegenüber zu fixieren. Nicht starren, nur standfest sein, ist hier die Regel. Und da gibt es tatsächlich einige wenige, die nicht in der Lage oder willens sind, den Blick eine Zeitlang zu erwidern. Übung macht wie immer den Meister.

Wie unangenehm ist Ihnen eine Situation, wenn Ihnen eine unbekannte Person vorgestellt wird und diese Sie noch nicht einmal anschauen kann oder will? Zugegeben, es gibt Menschen, die wirken so eingeschüchtert und verunsichert, dass sie mit einem solchen Blick nach unten Mitleid und Mütterlichkeit hervorrufen können.

Was meinen Sie, wird es eine eher günstige oder ungünstige Strategie sein, Menschen zu zeigen, dass man auf Sie zählen kann?

Schauen Sie bitte offen und ohne jede negative Wertung Ihr Gegenüber mit einem Lächeln an! Schauen Sie ihm in die Augen. Halten Sie seinem Blick stand. Das ist ungeheuer wichtig für Sie!

Sprechen Sie Ihren Gesprächspartner mit Namen an

Eine weitere Selbstverständlichkeit, die aber nahezu immer wieder vergessen wird: Wie heißt eigentlich Ihr Gegenüber?

In einer entspannten Situation würden Sie alles, was er Ihnen im Laufe des Gespräches mitteilen würde, gut im Gedächtnis behalten können, keine Frage. An dieser Stelle seien Sie nochmals von Ihrem *Mandelkern* herzlich und emotional gegrüßt! Wie Sie mittlerweile wissen, schafft es Ihr Mandelkern, Ihr Denken unter Stress so ziemlich gegen die Nulllinie abzusenken.

Bitte beachten Sie nochmals, dass Sie sich unter Stresseinwirkung nicht auf Ihre sonstigen gedanklichen Fähigkeiten verlassen können. Also bereiten Sie sich vor. Wie? Ganz einfach. Nehmen Sie einen Block und etwas zu schreiben mit ins Gespräch. Tun Sie sich den Gefallen.

Vielleicht haben Sie auch noch das Einladungsschreiben dabei? Wenn ja, klasse! Wozu dann noch den Block? Na weil es immerzu sehr gut ankommt, wenn Sie sich hier und da noch zusätzlich eine Notiz machen. Das wertet Ihren Gesprächspartner auf der *Ebene des Bauches* unmittelbar auf. Es zeigt ihm, dass Sie nicht nur aufmerksam und vorbereitet sind, sondern vielmehr, dass Sie das Gespräch und ihn wichtig nehmen!

Bitte nehmen Sie in jedes wichtige Gespräch Schreibunterlagen mit – und gebrauchen Sie sie!

Niemand erwartet in einem so wichtigen Gespräch, dass Sie sich alles merken können. Im Gegenteil. Die allermeisten sind aber irritiert, wenn der Bewerber sich selbst nach einer halben Stunde Gesprächsdauer nichts an Besonderheiten notiert hat. „Ist das Gespräch doch nicht so interessant, hört mir der Bewerber überhaupt zu?“, wird Ihr Gesprächspartner sich fragen. „Hoffentlich weiß der Bewerber noch nach unserem Gespräch, was mir und was unserem Unternehmen bei einer Zusammenarbeit wirklich wichtig ist?“ Ein weiterer Grund für den Block können unvorhergesehene Situationen sein. Denken Sie sich nur, dass ein weiterer Gesprächspartner mit hinzukommen würde. Ihren oder Ihre Gesprächspartner sprechen Sie bitte mit ihrem Namen an. Das ist Höflichkeit, die von Ihnen jederzeit zu erwarten ist. Wer schreibt, der bleibt!

Sie haben Recht, Sie sollten Ihr Gegenüber nicht in jedem Satz mit „Herr Müller hier“, „Herr Müller da“ ansprechen. Aber so bei jedem vierten Satz mit dem Namen ansprechen, klingt aufmerksam und wirkt! Schreiben Sie also bitte vor dem Termin die Ihnen bekannten Gesprächsteilnehmer bereits in die obere rechte Ecke des Blockes. Im Gespräch, und zwar direkt zu Beginn, tragen Sie noch weitere Namen nach, wenn notwendig. Auch die Funktionen Ihrer Gesprächspartner sind nicht unwichtig. Ein Wichtiges noch: Denken Sie sich einmal, Sie bekommen einen Namen genannt, den Sie nicht zu schreiben und schlimmer noch auszusprechen wissen. Dann fragen Sie ebenfalls zu Beginn des Gespräches genau nach: „Wie schreibe ich Ihren Namen richtig?“ oder „Wie spreche ich Ihren Namen richtig aus?“

Es ist in deutschen Landen eine Unsitte zu fragen: „Wie war doch gleich der Name?“ Fragen Sie um Himmels willen niemals so. Das ist eine *Friedhofsfrage*. Und was soll das heißen: „Wie war doch …“ Auch schon so zu tun, als habe der andere bereits etwas zu seinem Namen gesagt, wirkt ziemlich dümmlich. Wenn überhaupt, dann ist sein Name … Diese *Kleinigkeiten* gehen nicht in den Kopf des anderen, sondern schnurstracks in den Bauch und machen ungute Gefühle. Denken Sie daran.

Was Sie dann hören, sollten Sie sich sowohl in der richtigen Schreibweise als auch in einer für Sie sofort lesbaren Lautschrift notieren. Ist Ihnen die Lautschrift entfallen, macht nichts. Dann schreiben Sie den Namen in Klammern so hinter die richtige Schreibweise, wie Sie ihn schreiben würden, wenn Sie ihn nur hörten. Hauptsache, Sie sprechen ihn *richtig* aus. Ihr Gegenüber mit dem unaussprechlichen Namen wird sich sehr über Ihre Mühe freuen. Und das möchten Sie doch, oder? Die meisten seiner üblichen Gesprächspartner werden ihn mit „Herr … äh … Sie, da haben Sie Recht, Sie …“ und anderem mehr ansprechen.

So wichtig wie die namentliche Begrüßung, so wichtig ist auch die namentliche Verabschiedung. Und dann ist es gut, wenn Sie den oder die Namen nochmals auf dem Block wiederfinden können. Man wird sich gerne an Sie erinnern.

Stellen Sie sich vor

Punkten Sie bei Ihrer Selbstvorstellung, Sie brauchen nicht darauf zu warten, dass ein dritter Sie vorstellt. Treten Sie selbstbewusst auf, nennen Sie immer Ihren **Vor- und Nachnamen**. Ob Sie nun sagen: „mein Name ist …", „ich heiße …" oder „ich bin …", alles ist korrekt. Vermeiden Sie allerdings die James-Bond-Version: „Meier, Matthias Meier", auch die „Herr"-, „Frau"-, „Fräulein"-Version ist nicht mehr zeitgemäß. Nennen Sie nur Ihren Familiennamen, fehlt das Persönliche. Meiers gibt es wie Sand am Meer und nur der Vorname wäre die Aufforderung zum duzen. Bleiben Sie dabei Sie selbst und meiden Sie verstaubte Floskeln wie: „Gestatten Sie, dass ich mich vorstelle?"

Nun zu Ihrem Gegenüber. Trägt diese Person beispielsweise einen Doktortitel, so ist dieser Bestandteil des Namens und wird in der persönlichen Ansprache immer mitgenannt. Was nun, wenn vor Ihnen Herr Prof. Dr. Wichtig steht? Ganz einfach, in der persönlichen Anrede wird nur der höherwertige Titel genannt und da lautet die Anrede: „Guten Tag, Herr Professor Wichtig, mein Name ist Julia Lustig …"

Wer einen Raum betritt, grüßt die bereits Anwesenden. Ob mit „Guten Morgen", „Guten Tag" oder „Guten Abend", darüber entscheidet allein die Tageszeit. Dies gilt im Geschäftsleben, aber auch im täglichen privaten Umgang. Beispiele sind: Fahrstuhl, Wartezimmer, Besprechungsräume oder am Abend in der Kneipe.

Die Vorstellung wie auch die Begrüßung im **Berufsleben** erfolgt streng nach der innerbetrieblichen Rangordnung. Hier gilt die Faustregel, dass die wichtigere Person vom Rangniederen zuerst gegrüßt wird. Grüßen heißt hier in diesem Zusammenhang, dass ein freundlicher Blick, ein Tagesgruß und die eigene Namensnennung erfolgen muss. Nicht aber ist damit gemeint, dass der Rangniedere dem Ranghöheren etwa die Hand zu reichen hätte. Die Handreichung erfolgt im Gegenteil immer von oben nach unten!

Beim Bekanntmachen im **privaten Kreis** spielt der berufliche Rang keine Rolle. Generell lässt sich sagen:

Jung grüßt aus Höflichkeit Alt

Herr grüßt aus Wertschätzung Dame

Der Einzelne grüßt aus Respektgründen die Gruppe

Neben dem Vorstellen mit Vor- und Nachnamen ist es im Beruf üblich, auch seine Aufgabe in dieser Firma zu nennen. Gegebenenfalls sind weitere Informationen sinnvoll – je nachdem, was für das Gegenüber in der jeweiligen Situation relevant ist.

Das kann eine Äußerung auf der Beziehungsebene sein: „Ich freue mich sehr, dass wir uns persönlich kennen lernen" oder die Ankündigung des nächsten Schrittes: „Ich begleite Sie jetzt zu Frau Witzig."

Die Distanzzonen

Bei der Begrüßung tritt Ihr Gegenüber so dicht an Sie heran, dass Sie das Gefühl haben, das Händeschütteln fände „Nase vor Nase" statt. Sie merken, wie ein Unwohlsein in Ihnen aufsteigt und wie Sie sich bedrängt fühlen. Je nach „Sympathiewert" Ihres Gegenübers wird daraus statt Sympathie Aversion bis Aggression.

Was ist passiert? Ihr Gegenüber ist in Ihre intime Distanzzone eingedrungen.

Nicht nur bei der Begrüßung ist es wichtig, die Distanzzonen anderer zu respektieren; gerade im Berufsleben dürfen die „ungeschriebenen Distanz-Gesetze" nicht außer Acht gelassen werden.

Die **„Intime Distanzzone"** reicht von ganz nahe, einschließlich Körperkontakt bis zu 50 Zentimetern Abstand. Begibt sich ein anderer „uneingeladen" in diese Zone, weckt das Unmutsgefühle. Dieser Bereich ist Ihrer Familie und engsten Freunden vorbehalten.

In der **„Persönlichen Distanzzone"** finden Begrüßung und Verabschiedung statt. Auch das persönliche Gespräch werden Sie hier angenehm empfinden. Sie reicht von ca. 50 Zentimetern bis zu einem Meter.

Die **„Gesellschaftliche Distanzzone"**, die sich zwischen ein bis zwei Metern bewegt, macht eine erste Kontaktaufnahme möglich. Distanzvergrößerer wie Tresen oder Schreibtisch können das Distanzempfinden verstärken.

Spielen Sie keine Rolle!

„Na, der hat gut lachen", werden Sie vielleicht jetzt denken. Da lesen Sie in diesem Kapitel, dass wir uns so und möglichst nicht anders zu verhalten haben. Und nun fordert der Autor uns auf, dass wir uns nicht verstellen sollen. Dies ist kein Widerspruch, Sie werden sehen.

Stellen Sie sich einmal vor, wie viel Ungereimtes die Damen und Herren im Personalbereich, in den Chefetagen und den Banken zu hören bekommen. Und es ist nur zu verständlich, dass im Zweifel ein Bewerber, ein Mitarbeiter oder ein Neugründer die Unwahrheit sagt, wenn er unbedingt diese eine Stelle, die Beförderung oder den Gründerkredit bekommen möchte. Da ist jeder *loyal*, da ist jeder *teamfähig* und gerne auch zu unbezahlten Überstunden *bereit* und natürlich immer *ehrlich*! Was aber mit Sie-selbst-Sein gemeint ist, können wir auch mit dem Begriff der Authentizität beschreiben.

Es geht darum, dass Sie nicht Ihr Verhalten im Kontrast zu Ihrem Denken verändern sollten oder könnten. Dies wird nicht glaubwürdig funktionieren. Ändern Sie vielmehr Ihr Denken, und Ihr Verhalten wird entsprechend sein. Das ist das, was wir weiter oben mit persönlicher Einstellung gemeint haben.

Bereiten Sie Ihre Einstellung sorgsam vor zu Ihrer Situation, zur Person und Funktion, die Sie treffen werden, und die Einstellung zu dem Unternehmen, in welchem Sie nun vorstellig werden.

Small Talk – das kleine Gespräch

„Sie können sich innerhalb von zwei Monaten mehr Menschen zu Freunden machen, indem Sie sich für andere interessieren, als Sie sich in zwei Jahren zu Freunden machen können, indem Sie versuchen, andere für sich zu interessieren." (Dale Carengie)

Zur Auflockerung und zum „Warmwerden" wird man Sie vielleicht nach Ihrer Anreise fragen oder Ihnen das Unternehmen in Kürze vorstellen. Nutzen Sie diesen Gesprächseinstieg, um ihrerseits eine positive Atmosphäre zu schaffen.

Möglicherweise werden Ihnen alkoholische Getränke oder Zigaretten angeboten, hier lehnen Sie besser ab. Alkoholfreie Getränke können Sie ohne zögern annehmen. Gerne dürfen Sie auch um ein Glas Wasser zu der Tasse Kaffee bitten. Die angebotenen Kekse sind allerdings mehr Dekoration und nicht dazu da, um sich sattzuessen.

Gesprächseinstiege gibt es viele: Anreise, Wetter, Sport, Urlaub oder das, was Sie gerade umgibt, z. B. die schöne Büroausstattung.
Small Talk bricht das Eis, liefert Informationen und eröffnet Chancen, z. B. der Wortwechsel im Lift, der Plausch mit der Kollegin im Pausenraum. Jedes Unternehmensklima profitiert davon. Ohne Small Talk gäbe es weder Geschäftsbeziehungen noch Netzwerke. Small Talk führt Menschen zusammen, die sich noch nicht kennen. Ein guter Small Talker stellt viele Fragen und vermeidet Themen wie Krankheit, Religion oder Politik.

Wie Sie gut ankommen:

- Lächeln ist eine starke Waffe. Setzen Sie es in Maßen und zum richtigen Zeitpunkt ein.
- Behalten Sie Blickkontakt und signalisieren Sie Ihrem Gesprächspartner Ihr Interesse und Ihre Aufmerksamkeit.
- Geben Sie Ihre Zustimmung, indem Sie mit dem Kopf nicken.
- Unterstützen Sie Ihre Aussage mit Ihren Händen.
- Mit einer entspannten und offenen Sitzhaltung signalisieren Sie, dass Sie sich wohlfühlen und für ein offenes Gespräch bereit sind.
- Beanspruchen Sie eine möglichst große Sitzfläche.
- Eine aufrechte Körperhaltung macht selbstbewusst und sorgt für Präsenz; Ihre Stimme wirkt kraftvoller bei einem aufgerichteten Oberkörper.

Das sollten Sie besser vermeiden:

- Fixieren Sie den anderen nicht mit Ihrem Blick. Ihr Blick sollte alle zehn Sekunden kurz abschweifen. Irren Sie mit den Augen nicht im Raum umher!
- Vermeiden Sie sowohl einen starren Blick zum Boden als auch ein unruhiges Hin- und Herschauen.
- Ein erhobener Zeigefinger wirkt wie eine Drohung.
- Heftige Armbewegungen lassen auf Unsicherheit und Aggressivität schließen.

- Vor der Brust verschränkte Arme drücken Angst und Verschlossenheit aus.
- Fingerspiele jeder Art machen klar, dass Sie nervös und der Situation nicht gewachsen sind.
- Setzen Sie sich richtig auf den Stuhl. Sitzen Sie nicht auf der Kante des Stuhles und schieben Sie auch nicht die Füße hinter die Stuhlbeine, das wirkt nervös und verkrampft.
- Verstecken Sie die Hände auf keinen Fall in den Hosentaschen oder unter den Tischplatten.
- Mit breitbeiniger Sitzhaltung, zurückgelehntem Oberkörper und den Händen in den Hosentaschen zeigen Sie ganz klar Desinteresse und Ablehnung: „Ihr könnt mir gar nix!"
- Wippen Sie nicht mit dem Stuhl. In der Schule war das vielleicht entspannend. Nun befinden Sie sich aber in einem Vorstellungsgespräch.

Die Bedarfsanalyse – sammeln Sie Informationen

Viel zu häufig gehen wir in Gespräche hinein und gehen stillschweigend von der Annahme aus, dass wir schon genau wissen, was unser Gegenüber von uns erwartet. So gehen wir beispielsweise in ein Vorstellungsgespräch und denken uns, dass der zukünftige Arbeitgeber sowieso nur fleißige und ehrliche Mitarbeiter sucht. Wir wissen auch, dass Belastbarkeit und Loyalität ganz besonders wichtig sind usw.

Sicher, die eben aufgeführten Attribute sind auch für Ihren neuen Arbeitgeber wichtig. Aber was wissen Sie über Ihren Gesprächspartner wirklich? Wie wichtig sind ihm Ihre Pünktlichkeit, Ihr Erscheinungsbild und Ihr Auftreten? Was ist Ihrem Gegenüber besonders wichtig in einer Zusammenarbeit mit Ihnen? Bei 99 Prozent der Vorstellungsgespräche wird es immer so sein, dass Ihr Gegenüber das Gespräch führen wird. Er wird Ihnen beinahe in routinierter Form und Abfolge sein Unternehmen vorstellen.
In dieser Phase des Gespräches hören Sie bitte genauestens zu. Mit einem Notizblock sind Sie immer auf der besseren Seite, weil Sie sich die für Sie wichtigen Informationen herausschreiben können. Keine Angst, Ihr Gegenüber findet das nicht nervig. Verwirrender ist es, wenn Sie sich nichts notieren würden. Natürlich, auch hier gilt, wie im übrigen Leben, Übertreibungen sind nicht gut. Also stenographieren Sie bitte nicht, sondern zeigen Sie mit einem registrierenden Blick, einem leichten Kopfnicken und einer kleinen Notiz, dass das Gesagte Ihr Interesse weckt! Stellen Sie sich als registrierenden Blick leicht hochgezogene Augenbrauen und ein lautloses „Ach ja" vor, das Ihrem Mund entfahren würde. Dann passt es.

Auch ist das Notieren der für Sie wichtigen Punkte aus einem anderen Grund wichtig: Sie unterbrechen Ihr Gegenüber während seiner Rede nicht! Anschließend können Sie nun, befähigt durch Ihre Notizen, nachfragen. Das zeigt, dass Sie keine halben Sachen machen, klasse!

Finden Sie heraus, was Ihrem Gesprächspartner besonders wichtig ist. Vielleicht hat er dies in seinen Erläuterungen bereits gesagt. Es kann sogar sein, dass Sie sich sicher sind, dass es dieser eine Punkt nun wäre. Fragen Sie nach! „Herr XY, Sie haben eben beschrieben, dass für Sie die Zusammenarbeit im Team das wichtigste Erfolgsprinzip Ihres Unternehmens ist. Wenn ich Sie richtig verstanden habe, dann erwarten Sie von einem neuen Mitarbeiter, dass er sich ins Team integrieren kann. Ist das so?" So oder ähnlich können Sie die sogenannten „Bestätigungsfragen" einsetzen, um Ihrem Gegenüber zu zeigen, dass Sie hellwach und aufmerksam sind.

„Herr Vorgesetzter, wenn ich Sie richtig verstanden habe, dann erwarten Sie von einer neuen Führungskraft für die Abteilung Versandhandel vor allem Übersicht, Teamfähigkeit und Durchsetzungsvermögen. Habe ich das so richtig verstanden?"

Sofern Sie nun den wichtigsten Aspekt getroffen haben, wird er Ihnen das bestätigen. Und wenn nicht, dann wird er den für ihn wichtigsten Aspekt genauer beschreiben. Weicht nun Ihre Einschätzung von seiner ab, was passieren kann und nicht problematisch ist, dann notieren Sie nun das, was Sie von Ihrem Gesprächspartner erläutert bekommen. Stellen Sie nach Möglichkeit keine Fragen, auf die Ihr Gegenüber nur mit JA oder NEIN antworten würde. Diese *geschlossene* Fragetechnik bringt Ihnen nicht wirklich gute Informationen. Formulieren Sie Fragen nach Möglichkeit *offen*, z. B.: „Worin unterscheidet sich Ihr Unternehmen von anderen Anbietern mit ähnlichen Produkten?" oder „Was erwarten Sie von mir in Ihrem Unternehmen?" Die offene Fragetechnik lässt sozusagen nur ganze Sätze als Antwort zu. Noch eine sehr gute Frage sollten Sie ausprobieren: „Ich bin davon überzeugt, dass ich Ihre Erwartungen erfüllen kann. Was meinen Sie?"

Wiederholungen sind besonders wichtig!

Sie beobachten immer wieder Gesprächssituationen, in denen Ihr Gesprächspartner unvermittelt in seinem Redefluss den gleichen Satz oder Nebensatz wiederholt. Nicht immer fallen Ihnen solche Wiederholungen direkt auf. Wie es den Anschein hat, filtert unser *Kopf* diese Wiederholungen aus der direkten Wahrnehmung in den *Bauch*. Aber wenn Sie genauer hinhören, dann werden Sie mehr und mehr Wiederholungen in beinahe allen Gesprächen entdecken, an denen Sie beteiligt sind. Als Erstes ist die Frage zu beantworten, was denn Wiederholungen in der Rede sind? Wollten Sie in nächster Zeit ein Rhetorikseminar besuchen, so werden Sie dort sehr schnell lernen, dass Sie an entscheidender Stelle in Ihrer Rede, an der Stelle, die Ihnen besonders wichtig ist, das Gesagte einfach noch einmal wiederholen müssen.
Und wenn Sie dies erstmals bewusst üben, werden Sie sich sicher etwas

merkwürdig vorkommen. Wahrscheinlich weil Ihr *Kopf* Ihnen sagen würde, dass dies völlig absurd ist, und Sie die Wiederholung dümmlich erscheinen lässt.

In Wirklichkeit aber ist die Wiederholung im Gespräch entweder, wie gerade ausgeführt, ein bewusst eingesetztes Mittel, um die Wichtigkeit des Gesagten zu unterstreichen, oder sie wird unbewusst eingesetzt, um sicherzustellen, dass das Gesagte auch wirklich ankommt.

Wie dem auch sei, Ihr Gegenüber möchte bewusst oder unbewusst, dass Sie jetzt wirklich aufpassen, weil es ihm *wichtig* ist. Erfahrungsgemäß ist es tatsächlich so, dass die wenigsten Menschen rhetorisch geschult wurden und so ca. 80 Prozent Ihrer Gesprächspartner diese Wiederholungen von Nebensätzen oder ganzen Sätzen nicht absichtlich einsetzen. Würden Sie diesen Menschen im Gespräch den Hinweis geben, dass sie sich gerade wiederholt hätten, die würden Ihnen nicht glauben. Im Gegenteil, man würde eher an Ihrer Aufmerksamkeit zweifeln.

Wie lassen sich nun die Wiederholungen für Sie nutzen?

Ganz einfach: Stellen Sie sich bitte folgende Situation vor. Ein Personalchef erklärt Ihnen: „Frau XY, mir sind bei meinen Mitarbeitern besonders Eigeninitiative und Engagement wichtig, ich brauche keine Langweiler. Eigeninitiative und Engagement sind mir sehr wichtig." Und nun Sie: „Herr Müller, danke für Ihren Hinweis. Ich verstehe. Ihnen sind bei Ihren Mitarbeitern das Engagement und die Eigeninitiative wichtig. Das notiere ich mir direkt, das ist wirklich wichtig." Sie schreiben demonstrativ auf Ihren Block *Eigeninitiative* und *Engagement*. Wenn Sie dies noch verstärken wollen, so können Sie diese beiden Wörter direkt mit dem Stift unterstreichen.

Oder ein anderer Satz Ihres Gegenübers: „Herr YZ, wenn wir uns für Sie entscheiden, dann erwarte ich von Ihnen, dass Sie Ihre Defizite in der englischen Sprache ausgleichen. Englisch müssen Sie fließend sprechen können. Wir arbeiten viel im Export."

Wenn Sie sich an dieser Stelle *nur* das Stichwort *Export* aufschreiben würden, so müsste sich Ihr Gegenüber fragen, ob Sie ihn wirklich verstanden hätten.

Sie bestätigen ihn also: „Herr Müller, ich habe Ihre Forderung verstanden. Sie geben mir eine Chance, wenn ich in Englisch deutlich besser werde. Ich mache mir direkt eine Notiz und werde gleich heraussuchen, ab wann ich in einen Sprachenunterricht einsteigen kann." Ihr Herr Müller, auf der anderen Seite des Tisches, wird Genugtuung empfinden, weil Sie ihn verstanden haben.

Beachten Sie bitte, dass Wiederholungen sozusagen sprachliche Unterstreichungen in einem Text sind.

Und dann ist es sehr wohltuend, wenn ein Zuhörer diese *Unterstreichungen hören* kann. Und denken Sie daran, den meisten Sprechern sind ihre Wiederholungen nicht bewusst.

Warum jetzt noch der Schreibblock zum Einsatz kommt? Zum einen *sagen* Sie, dass Sie den wichtigen Hinweis verstanden haben, das ist gut. Als Verstärker wirkt es aber noch zum anderen, wenn Sie Ihre Aufmerksamkeit auch zeigen, indem Sie das für Ihr Gegenüber Wichtige notieren.

Ihr *Notieren* ist Ihre Unterstreichung in einem Text, den Sie hören! Und dies wiederum zeigt Ihrem Gesprächspartner, dass Sie beide sich verstehen.

Und was könnte wichtiger sein als das? Insofern sind Sie ab sofort aufgerufen, diese wunderbare Chance der Wiederholung Ihres Gesprächspartners für sich zu nutzen. Etwas Besseres kann Ihnen in einem Gespräch als Möglichkeit des Beweises Ihrer Aufmerksamkeit nicht passieren. Nutzen Sie Ihre Chance!

Die Angebotsphase – was haben Sie wie anzubieten?

Es ist leicht zu erkennen, was es bringen würde, wenn Sie direkt zu Beginn des Gespräches Ihre Mitarbeit anbieten wollten. Nichts! Denn bei Einhaltung dieser hier vorgeschlagenen Reihenfolge, der Eröffnung des Gespräches, der Bedarfsanalyse und nunmehr der Angebotsphase haben Sie neben einem guten Klima (aus der Eröffnungsphase) auch genügend Informationen (aus der Bedarfsanalyse), um in der jetzigen Phase zu wissen, was tatsächlich gebraucht, erwartet und vorausgesetzt wird. Ohne diese Informationen raten

Sie nur, nichts weiter. Sie würden dann lediglich ein Glücksspiel betreiben mit ungewissem Ausgang.

Und schon wieder hilft Ihnen Ihr Notizblock mit Ihren Aufzeichnungen. Denn nun können Sie die Erwartungen Ihres Gegenübers, die Sie in der Bedarfsanalyse aufgeschrieben haben, mit dem vergleichen, was Sie zu leisten imstande und bereit sind. Schauen Sie genau hin, es ist alles auf Ihrem Block, was bisher wichtig war. Und Sie schaffen nun in der Aufzählung dessen, was Sie unter einer Zusammenarbeit verstehen, Gemeinsamkeiten. Aus dem Gegenüber und Ihnen wird ein WIR.

Noch einmal: Ohne seine Positionen zu kennen, ohne also die eigene Bedarfsanalyse sauber vollzogen zu haben, werden Sie vielleicht durch Zufall eine Gemeinsamkeit finden, aber im Ergebnis bleiben Sie einsam.

Viele Menschen beschreiben solch wichtige Gesprächssituationen, wie Einstellungsgespräche, indem sie schildern, wie verloren und klein sie sich gefühlt haben.

**Um es an dieser Stelle mit allem Nachdruck zu betonen:
Sie sind keine kleinen Bittsteller, Sie sind ein Verhandlungs- und hoffentlich bald ein Vertragspartner in diesem Unternehmen!**

Stellen Sie sich bitte auf diesen Gedanken ein. Sie dürfen sich klein fühlen, aber Sie werden in und mit dem Unternehmen wachsen. Nur zu klein dürfen Sie nicht werden, da man Sie sonst vielleicht übersehen könnte. Bevor es zu Missverständnissen kommt, *Herr* und *Frau Superstar* werden nicht gesucht. Gesucht werden Menschen mit einem stabilen Selbstwertgefühl. Seien Sie in Ihrem Gefühl stark und zeigen Sie, dass Sie an sich glauben.

Die Frage aller Fragen

Warum glauben Sie, dass Sie für diese Anstellung, die Beförderung oder die neue Selbstständigkeit genau die oder der Richtige sind? Was ist an Ihnen so besonderes, dass Ihr Personalchef oder Banker eigentlich nicht mehr an Ihnen vorbeikommt? Wofür stehen Sie? Was sagen Ihre besten Freunde über Sie?

Worauf kann man sich bei Ihnen blind verlassen? Was macht Sie so einmalig?

Es gibt Einstellungsgespräche, in denen Ihr Gegenüber tatsächlich direkt nach solchen sehr persönlichen Einschätzungen fragt.

Eine häufige Beobachtung unter Jugendlichen und Erwachsenen ist die, dass die allermeisten bei solcher Fragestellung im wörtlichen Sinne sprachlos bleiben. Vielleicht ist es unsere Erziehung, die uns beigebracht hat, dass Eigenlob nicht angemessen ist? Vielleicht ist es der Gedanke, dass unser Gegenüber möglicherweise unsere *Einbildung* prüfen wolle? Sagen wir nun etwas Positives über uns, dann könnte er glauben, dass wir eitel und arrogant wären. Betrachten wir diese Situation einmal von einer anderen Seite: Wenn Sie viel Geld ausgeben, dann wollen Sie wissen, dass Sie etwas Besonderes erwerben, oder?
Sie kaufen sich vielleicht ein neues Auto, oder Sie kaufen sich für viel Geld Schmuck, dann soll es schon etwas Besonderes sein. Und so stellen Sie sich das bitte auch bei einem Einstellungsgespräch vor. Auch Ihr Entscheider auf der anderen Seite des Tisches möchte einen besonderen Mitarbeiter erwerben. Jeder Personalchef möchte am Ende einer Einstellungsperiode nur die Besten für sein Unternehmen bekommen.

Investieren Sie etwas Zeit

Bitte nehmen Sie sich einmal vor, in den nächsten Tagen, nachdem Sie dieses Kapitel gelesen haben, sich für ein oder zwei Stunden dem Trubel des Alltags zu entziehen. Setzen Sie sich an einen ruhigen Ort. Schalten Sie das Handy aus, stöpseln Sie das Telefon aus, kein Radio, kein Fernsehen, nichts soll Sie ablenken.

Nehmen Sie sich dann ein Blatt Papier und einen Stift und sammeln Sie alles, was Ihnen zu Ihrer Person einfällt. Notieren Sie Eigenschaften, von denen Sie spüren, dass man Sie an diesen Eigenschaften erkennen würde.

Achten Sie bitte unbedingt darauf, dass Sie nicht zu bescheiden sind!

Trauen Sie sich, schreiben Sie alles auf, was Ihnen in den Sinn kommt. Ganz wichtig ist auch, dass Sie dieses Papier nur für sich erstellen. Zeigen Sie es niemanden. Schlimmstenfalls verstricken Sie sich in Diskussionen, die Ihnen nicht weiterhelfen werden. Vielleicht ist das Blatt nach einer halben Stunden immer noch leer, na und? Macht nichts, das ist völlig *normal*. Bleiben Sie hartnäckig am Ball. Möglicherweise schreiben Sie etwas auf, dass Sie schon drei Tage später wieder verwerfen werden. Kann alles sein. Ergänzen Sie nach Herzenslust, wann immer Sie möchten. Sie werden erleben, dass sich Ihr Leben im Sinne von Bereichern verändern wird.

Und was tun, wenn es überhaupt nicht funktioniert?

Lassen Sie die Flügel nicht hängen. Weihen Sie Ihre beste Freundin, Ihren besten Freund ein. Fragen Sie nach: „Was schätzt du an mir besonders?" Oder fragen Sie Ihren Partner oder ihre Eltern. Achten Sie bei der Auswahl der Menschen, die Sie fragen möchten, darauf, dass sie Ihnen wohlgesonnen sind. Denn diese Übung soll Sie aufbauen und ein wenig zum *Leuchten* bringen. Dann werden Sie noch lange kein Leuchtturm sein – vielleicht aber ein Glühwürmchen?!
Es gibt sicher keine bessere Investition in Ihr Selbst als die Suche und das Finden Ihrer Einmaligkeit. Viel Erfolg.

Von Einwänden und Vorwänden

In der Theorie sind alle Gespräche, selbst die entscheidenden, übersichtlich strukturiert und einfach zu führen. Wir haben in dem oben genannten Einstellungsgespräch im ersten Schritt eine gute und konstruktive Atmosphäre herstellen können.
Im zweiten Schritt konnten wir in Erfahrung bringen, was denn unser Gegenüber sich unter Mitarbeit vorstellt und was er von uns erwartet. Wir überlassen nichts dem Zufall. Aus diesem Grunde haben wir alles Wichtige aus der bedarfsanalytischen Phase mitgeschrieben.
Im dritten Schritt sind wir nun dabei, unsere Mitarbeit anzubieten. Wir präsentieren den Nutzen, den wir bezogen auf seine Erwartungen stiften können oder leisten werden.

Das Gespräch läuft aus unserer Sicht wirklich gut. Sogar etwas von dem, was uns einmalig macht, konnten wir in das Gespräch miteinbauen. Das könnte z. B. der Hinweis auf unsere erfolgreiche Jugendarbeit als Gruppenleiter im letzten Sommerlager oder der Hinweis, dass wir autodidaktisch ein Instrument erlernt hätten, sein. Vielleicht ist es der Hinweis auf eine erfolgreiche Tätigkeit in der Gemeindearbeit?

Jetzt passiert etwas, mit dem wir nicht gerechnet haben. Der Gesprächspartner hat etwas *einzuwenden*: „Herr XY, alles was Sie beschrieben haben, hört sich wirklich gut an. Aber wir suchen Mitarbeiter, die mindestens ein Abitur mit einem Notenschnitt von 2,5 vorlegen können!" – Sie haben aber nur ein Abitur mit 3,7 geschafft. Oder Sie haben nur die mittlere Reife.
Was nun? Was können Sie tun? Dieser *Killereinwand* verschlägt Ihnen die Sprache, auch schon deswegen, weil alles zuvor in diesem Gespräch so gut verlaufen ist. Spontan schlägt Ihnen Ihr *Mandelkern* die Flucht vor.

Bevor wir uns nun mögliche Antworten auf diesen Einwand überlegen, haben wir noch eine wesentliche Unterscheidung zu besprechen. Neben dem Einwand, wie wir ihn beispielhaft gerade gesehen haben, gibt es noch den sogenannten Vorwand. Während der *Einwand* so etwas darstellt wie: „Ich habe da noch eine Sache, die besprochen werden muss", ist ein Vorwand etwas, was vorgeschoben wird. Das bedeutet, dass der *Vorwand* nicht wirklich ein Problem oder eine Fragestellung anspricht, die es zu klären gilt, sondern dass ein Vorwand möglicherweise dazu benutzt wird, beispielsweise ein Gespräch höflich und bestimmt zu beenden. Der Gesprächspartner sagt mit einem Vorwand eben gerade nicht, worum es ihm tatsächlich geht. Mit dem Vorwand möchte er bewusst jede Diskussion um einen oder mehrere tatsächliche Gründe umgehen, die er nicht thematisieren möchte. Entweder weil er sich schützen will oder weil er keinen Sinn in einer Fortsetzung des Gespräches sieht.

Ein Beispiel: Eine junge Frau wird zu einem Bewerbungsgespräch in eine Bank eingeladen. Sie möchte eine Lehre als Bankkauffrau machen. Ihre Unterlagen waren vollständig, ein nettes Passbild vom Fotografen lag mit bei. Das Zeugnis ist mit einem Schnitt von 2,1 ebenfalls okay. Alles perfekt. Die junge Frau sitzt ihrem Gesprächspartner gegenüber und erzählt ihm, dass sie in Kürze heiraten und ganz viele Kinder will. Aus ihrer Sicht gäbe es nichts Schöneres als Familie und Kinder.

Dies ist sicher ein krasses Beispiel. Der Personalleiter gewinnt den Eindruck, dass besagte junge Dame womöglich schon schwanger sein könnte. Er möchte diese Dame nicht einstellen, denn aus seiner Sicht ist hier eine vernünftige Berufsausbildung kaum möglich. Zu diesem Beispiel ist anzumerken, dass Arbeitgeber in Deutschland eine Anstellung aus Gründen einer Schwangerschaft nicht verweigern dürfen. Selbst schon die Frage, ob eine Frau zum Zeitpunkt des

Einstellungsgespräches schwanger ist oder nicht, ist nicht statthaft. Jede Frau in solch einer Situation darf in Deutschland die Unwahrheit sagen! Somit kann er unmöglich dieser jungen Frau sagen, was er meint. Würde er den wahren Grund benennen, so könnte diese junge Frau auf Einstellung klagen.
Hier hilft ihm jetzt ein Vorwand. Er könnte darauf hinweisen, dass das vorgelegte Zeugnis Schwächen zeigt. Die Fächer Deutsch und Mathematik seien mit der Note 3 deutlich unter dem Anforderungsprofil einer Bankkauffrau. Würde sich nun die junge Frau ins Zeug legen, um die beiden Noten zu relativieren, oder ihre gewissenhafte und fleißige Mitarbeit im Betrieb und in der Berufsschule versichern; sie hätte keine Chance. Selbst wenn Sie in der Lage ist, plausible Gründe dieser Noten aufzuzeigen, ändert das nichts an seiner Entscheidung.

Das ist die Machtlosigkeit bei Vorwänden.

Gleiches Beispiel noch einmal von vorne. Nun aber hat der Personalchef nicht den Eindruck, dass die Dame sofort die Familienplanung umsetzen möchte, vielmehr will er die Bewerberin prüfen, ob sie tatsächlich so selbstbewusst und zielstrebig ist, wie sie sich im ersten Teil des Gespräches gezeigt hatte.

Auch in diesem zweiten Beispiel verweist er auf die mittelmäßigen Noten in Deutsch und Mathematik. Die Frau reagiert wie im oberen Beispiel und sagt ihre gewissenhafte und fleißige Mitarbeit im Falle einer Einstellung zu. Sie berichtet von einem Unfall im Wintersport und den Ausfall von zwei Wochen Schulzeit. Aus diesem Grund habe sie wichtige Inhalte in Mathe nicht mitbekommen und eine Arbeit verhauen. Und Deutsch sei noch nie ihr Lieblingsfach gewesen. Die Interpretationen von Goethe, Schiller und Brecht seien für sie blanker Horror gewesen. Irgendwie habe sie nie den Nerv ihres Lehrers getroffen. Sie versichert, in deutscher Grammatik, Rechtschreibung und Zeichensetzung sehr gut zu sein.
In diesem Beispiel können Sie einen klassischen Einwand erkennen. Ähnlich wie im ersten Fall fragt (sagt) der Personalchef nicht das, was er meint. Denn im zweiten Fall fragt er sich wirklich nur, ob die Bewerberin so selbstbewusst und zielstrebig bleibt, wenn es etwas enger im Gespräch für sie wird. Nur der wesentliche Unterschied zum Vorwand ist der, dass er die Noten in Deutsch und Mathe nicht als Begründung einer bereits getroffenen Entscheidung vorschiebt.

Der Einwand, unabhängig wie merkwürdig er Ihnen erscheinen mag, *signalisiert* immer ein *großes Interesse* an Ihnen. Dieses Einwenden deutet immer auch auf zusätzlichen Informationsbedarf hin. Vielleicht ist etwas von dem, was Sie sagten, nicht vollständig beim Empfänger angekommen? Sie erinnern sich sicher an das dritte Prinzip aus den Grundlagen der Kommunikation: Entscheidend ist nicht, was Sie sagen, sondern vielmehr, was auf der anderen Seite ankommt.

Wie unterscheiden Sie den Einwand vom Vorwand?

Zugegeben, diese Aufgabe wird nicht immer lösbar sein. Es gibt Menschen, die ein Gespräch abrupt mit einem Argument beenden, ohne Ihnen eine Möglichkeit der Nachfrage einzuräumen.

Solche Gesprächsverläufe deuten auf einen Vorwand hin. Denn lässt Ihnen Ihr Gegenüber keine Gelegenheit, zu reagieren, dann gibt es kein weiteres Gesprächsinteresse mehr. Vergleichen Sie dies mit der Definition eines Einwands, der immer Interesse signalisiert, dann wird klar, hier stimmt etwas nicht.

Spricht der Personalchef direkt und eindeutig seine Abneigung gegen das Piercing eines Bewerbers aus, dann benötigt er für diese klare Aussage keinen Vorwand. In einer Bank werden Sie in den nächsten 30 Jahren garantiert keine gepiercten Mitarbeiter am Schalter zu sehen bekommen.

Um einen Einwand vom Vorwand unterscheiden zu können, ist es wichtig, *hellwach* und *ausgeschlafen* zu sein. Stellen Sie eine kluge Frage und beobachten Sie Ihr Gegenüber gut.

Die junge Frau in unserem Beispiel oben könnte, nach dem Hinweis auf die Noten, die Frage stellen: „Herr XY, welche unangenehmen Erfahrungen haben Sie bisher mit Dreierkandidaten gemacht?" (Beachten Sie bitte bei dieser Frage die offene Fragetechnik!) Vielleicht beginnt Ihr Gegenüber verlegen seine Antwort zu konstruieren. Schon ein Hinweis auf einen Vorwand.

Er fügt hinzu, dass die allermeisten Auszubildenden mit diesen Noten erhebliche Schwierigkeiten hatten, die Anforderungen zu erfüllen.

Wenn Sie die Anstellung wirklich wollen, dann können Sie weiter fragen: „Sie berichten, dass die allermeisten Schwierigkeiten hatten. Das ist für Sie sicher keine gute Situation. Wenn ich Sie richtig verstanden habe, dann haben aber einige wenige dennoch gute Leistungen gezeigt. Worauf führen Sie die Erfolge

dieser wenigen zurück?" (Wieder eine offene Frage!)
Spätestens bei dieser zweiten Frage wird Ihnen jeder, der einen Vorwand benutzt, die Antwort schuldig bleiben. Er wird abwiegeln und sehr wahrscheinlich das Gespräch rasch beenden. Was soll's? Da hier nun ein offensichtlicher Vorwand im Spiel war, konnten Sie in diesem Gespräch nichts mehr retten. Der Versuch war es wert.
Antwortet Ihr Gegenüber aber und er beschreibt die näheren Umstände dieser Leistungssteigerungen, dann hören Sie jetzt ganz aufmerksam zu. Er beschreibt vielleicht, dass ein Auszubildender nebenbei Kurse oder Nachhilfe genommen habe. Oder er schwärmt von dem Ehrgeiz und der vorbildlichen Ausdauer eines Azubis, der ebenfalls mit guten Ergebnissen abgeschlossen hat.

Bitte machen Sie sich hier demonstrativ Notizen!

Alles, was Ihr Gegenüber Ihnen hier aufzählt, sind direkte Verfahrensanweisungen an Sie!

Was er Ihnen mitteilt, sind sozusagen die Voraussetzungen, die Sie benötigen, um eingestellt werden zu können. Durch Ihre Notizen zeigen Sie, dass Sie sich sehr interessieren und dass Sie den Gesprächspartner ernst und wichtig nehmen. Nachdem beispielsweise Ihr Personalchef alle Voraussetzungen aufgezählt hat und Sie alles Wesentliche mitgeschrieben haben, können Sie mit der folgenden Suggestivfrage die Türen wieder weit aufstoßen: „Herr XY, ich bin sicher, wenn Sie mir von dem Biss und der Ausdauer Ihrer Auszubildenden erzählen, dass ich ebenfalls eine dieser Kämpfertypen bin. Und wenn ich Sie richtig verstehe: Sie werden mir eine Chance geben, wenn ich es schaffe, Sie von meinem Willen zum Erfolg und von meinem Durchhaltevermögen zu überzeugen?"

Eine geschlossene Frage. Antwortet er mit JA, dann schildern Sie vergleichbare Arbeiten an sich oder berichten Sie von Situationen, in denen es um Durchhalten und Ihren eisernen Willen ging.

Und wenn er mit NEIN antwortet, dann schieben Sie eine offene Frage hinterher: „Welche Möglichkeiten räumen Sie mir ein, um Ihnen zu beweisen, dass ich das kann?" Oder noch konkreter: „Was sollte ich tun, um eine Chance in Ihrem Hause zu bekommen?"

Die Analyse von Ein- und Vorwand und eine erfolgreiche Einwandbehandlung gehören ganz sicher zu den schwierigsten Aufgaben in der erfolgreichen Kommunikation. Üben Sie möglichst oft mit Freunden solche Gespräche. Gehen Sie solche Gespräche mehrfach im Geiste durch, bevor Sie vorstellig werden. Nahezu jedes Zeugnis lässt Einwände zu. Seien Sie vorbereitet.

Die Abschlussphase –

bringen Sie Ihr Gespräch zu einem Ergebnis

Eigentlich haben Sie in dieser Phase des Gespräches nichts mehr zu tun. Wesentlich ist in dieser Phase, dass Sie von allen anderen drei Phasen: der guten Gesprächseröffnung, dem aufmerksamen Ermitteln des Bedarfes Ihres Gegenübers und der Phase, in der Sie Ihre Mitarbeit angeboten haben, wenn Sie gut gearbeitet haben, die Ernte einholen können.
Aber ACHTUNG: Dies bedeutet nicht, dass Sie nun Entlohnung und/oder Urlaub verhandeln können. Das ist nicht wichtig!

Sie werden noch in den nachfolgenden Kapiteln, wenn es konkret um Wichtiges aus den Bewerbungsgesprächen gehen wird, etwas über die schlimmsten Fehler, die „Todsünden", erfahren.

Was nun ansteht, ist die selbstverständlichste Frage, die Sie sich denken können. Nämlich die: „Was glauben Sie, Herr XY, bis wann werden Sie sich entschieden haben?" Oder: „Herr XY, mir ist klar, dass Sie noch viele Gespräche führen werden, um abschließend zu entscheiden, wen Sie einstellen und wen nicht. Wie schätzen Sie das zeitlich ein, wann kann ich mit Ihrer Entscheidung rechnen?"
Fragen Sie ruhig. Sie dürfen zeigen, dass Sie aktiv nach der Entscheidung suchen. Sie lassen nichts über sich passiv ergehen, sondern Sie sind jetzt nach der guten Vorarbeit berechtigt, nach der Entscheidung zu fragen.

Ihr Vorstellungsgespräch geht zu Ende

Sie haben in Ihrem Vorstellungsgespräch viel von sich mitgeteilt. Selbstverständlich dürfen Sie nach diesem Gespräch auch fragen, wie es konkret für Sie weitergehen wird.
Bedanken Sie sich. Sagen Sie, dass Sie aufgrund des Gespräches genau diesen Ausbildungsplatz sehr gerne haben möchten und dass Sie das Unternehmen

mehr den je interessiert.
Egal ob Sie die Stelle bekommen oder nicht, wahren Sie Haltung. Bleiben Sie gleichbleibend höflich und interessiert. Halten Sie dabei den Blickkontakt zu Ihrem Gesprächspartner.

Der letzte Eindruck bleibt

Wie wichtig der erste Eindruck ist, ist Ihnen bekannt. Doch wem hilft der perfekte erste Eindruck, wenn Sie ihn noch am selben Tag wieder zunichte machen? Der letzte Eindruck, den Sie bei Ihrem Gesprächspartner hinterlassen, hat eine gleichsam prägende Funktion, einfach deshalb, weil Informationen und Eindrücke, die zuletzt aufgenommen werden, besser im Gedächtnis bleiben.

GC SANITÄR- UND HEIZUNGS-HANDELS-CONTOR GMBH

www.gc-grupp

Mehr Wert durch mehr Leistung.

Familienunternehmen vor Ort
Wir gehen auf Ihre Bedürfnisse ein, Sie sind Mittelpunkt unseres Handelns. Und wir sind vor Ort: Egal wo Ihre Baustelle ist – Sie haben den vollen Service.

Vertriebsweg
Wir setzen nur auf die Karte des 3-stufigen Vertriebswegs – wir sind ihm treu.
Wir brauchen Sie!

Sämtliche Gewerke für die Gebäudetechnik
Ein Ansprechpartner, eine Anlieferung, ein Rechtsweg.

Logistik-Vorsprung
Durch unser deutschlandweit verfügbares Sortiment und tägliche Anlieferung direkt zur Baustelle können Sie zeitgenau und verlässlich planen.

Fachkompetenz
In allen Fachabteilungen: Unsere kompetenten Fachleuchte unterstützen Sie bei Beratung, Planung oder Kalkulation. Das ist sicher und zeitsparend.

Das Sortiment
Mit rund 55.000 ständig verfügbaren Lagerartikeln, einer unvergleichlichen Produktvielfalt und lückenlosem Ersatzteil-Service übernehmen wir gern Ihre Lagerhaltung.

Flexible Geschäftszeiten
Wir setzen nur auf die Karte des 3-stufigen Vertriebswegs – wir sind ihm treu.
Wir brauchen Sie!

SpritzigeBADIDEEN
Ihr Point of Sale – an 170 Standorten in Deutschland. Alle Informationen zu Formen, Technik, Materialien und Qualitäten. Dazu Service und Beratung für Planung um Umsetzung.

AbholEXPRESS
Das erfolgreiche GC-Logistikkonzept mit über 400 Stationen bundesweit: just in time-SB-Lager ohne Wartezeiten. Das Sortiment: Installationsbereich inklusive Elektro-Regeltechnik.

GC Easy_Lager
Organisieren Sie Ihr Lager durch Scanner-Technik mit Barcode-Etiketten unseres Artikel-Stammes – bedarfsgerecht und fehlerfrei.

Vermarktungskonzepte
Systemhaus – Beratungs-Software und Internet-Plattform zum Thema Niedrig-energie-Haus. Mobil im Alltag – behindertengerechten- und seniorengerechte Beratung, Planung und Vermarktung.

Zum Weiterkommen
Bleiben Sie auf dem Laufenden und erhöhen Sie Ihre Kompetenz: mit unseren Fach-Seminaren zu den Bereichen Planung, Betriebsführung, Produkte.

GC Easy_Online
Aktuelle Preise und Warenverfügbarkeit in Echtzeit: Bestellungen 24 Std. täglich – per Internet.

Stellen Sie sich auf Fragen ein

Es gibt unzählige Bücher, welche die ultimativen Fragen aus Bewerbungsgesprächen vermitteln und trainieren wollen. Ein Auswendiglernen von Antworten hilft hier nicht wirklich. Besser ist es, sich richtig zu informieren und mit einer guten Einstellung in das Gespräch zu gehen.

Nur zu wissen, dass das Unternehmen eine GmbH oder AG ist, reicht nicht aus. „Warum haben Sie sich in unserem Unternehmen beworben?" Jemand, der bei einer solchen Frage sprachlos bleibt, kommt nicht weiter.

Was macht die Firma? Wie ist sie im Markt positioniert? Kennen Sie einige Eckdaten? Wann ist das Unternehmen gegründet worden? Welche Unternehmen gehören mit in die Unternehmensgruppe? Gibt es internationale Aktivitäten? Wenn ja, wo?

Vielleicht werden Sie zu Ihrem Privatleben gefragt. Es kann sein, dass Sie nach Vorlieben für Diskotheken gefragt werden. Es kann sein, dass ein Gesprächspartner nach den Berufen der Eltern fragt. Seien Sie selbstbewusst. Oder glauben Sie, dass man Sie nicht wollte, wenn man erführe, dass Ihre Eltern eben nicht Generalmanager bei Ford oder Esso Deutschland wären. Glauben Sie wirklich, dass der Beruf der Eltern entscheidet? Entscheidender ist doch, was Sie aus den Berufen der Eltern entwickelt haben. Ihr Vater war/ist Hilfsarbeiter; Ihre Mutter ist Hausfrau und putzt nebenbei, damit die Kasse stimmt. Wenn Sie für sich beispielsweise daraus ableiten wollten, dass Sie für sich erkannt hätten, wie wichtig gerade eine solide Ausbildung für Sie aufgrund Ihrer familiären Erfahrungen ist, einen sicheren Lebensstandard zu erreichen, wird man das bewundern.

Denn der umgekehrte Fall ist ebenso denkbar: Da kommt ein Sohn oder eine Tochter und erklärt, der Vater (die Mutter) sei ein sehr „hohes Tier" in einem internationalen Konzern und er (sie) spräche drei Fremdsprachen und sei welterfahren, Sie aber entwickelten nichts für sich, sondern sonnten sich nur im Glanz der Eltern – dann wird man keine Notwendigkeit sehen (außer Ihre Eltern arbeiten im besagten Unternehmen oder sind Eigentümer), mit Ihnen zu arbeiten.

Wie stehen Sie zu Ihren Gegebenheiten? Was ist Ihnen wichtig geworden, auch in Hinblick auf Ihre Eltern? Was konnten Sie mitnehmen, was konnten Sie lernen? Was möchten Sie vielleicht besser machen?

Grundsätzlich gilt: Es gibt keine Fragen, die Sie in Verlegenheit bringen sollen.

Vielleicht geraten Sie auch einmal an ganz merkwürdige Persönlichkeiten, die mit Ihnen und Ihrem Werdegang aus welchen Gründen auch immer nicht zurechtkommen. Die könnten Ihnen wirklich einmal merkwürdig kommen.

Aber der Großteil der Personalverantwortlichen sind vernünftige Menschen, die erfolgsorientiert für ihr Unternehmen handeln wollen. Die Fragen haben eigentlich nur einen Sinn: Sie aus der Reserve zu locken. Sind Sie ehrlich, sind Sie aufrichtig? Der Sinn der auch mal indiskret wirkenden Fragen liegt darin, Ihnen die Wahrheit zu entlocken, für den Fall, dass das Gesagte eben doch nicht stimmt.

Besser noch kann man sagen: ... dem eigentlichen Kern der Persönlichkeit auf die Spur zu kommen. Manche Bewerber sind durch die tollen Trainingsbücher optimal auf alle möglichen Fragen vorbereitet. Wenn sie dann aber aufgefordert werden, einfach einmal aus ihrem Leben zu erzählen, sind sie komplett überfordert.

Oder: „Was ist für Sie Karriere?" Manche sagen nichts oder brechen in sich zusammen, weil sie sich keine Gedanken über ihre Zukunft und Ziele gemacht haben.

Fällt Ihnen an dieser Stelle auf, wie wichtig die Inhalte in den vorherigen Kapiteln wie innere Einstellung und das eigene Selbstbild sind? Das beste vorbereitende Training wäre, dass Sie sich selbst einmal diese Fragen beantworten.

Warum und wozu wollen Sie diesen und keinen anderen Weg gehen?

Sie werden ganz gelassen in Ihr Vorstellungsgespräch gehen, seien Sie sicher! Und wenn dann doch einmal eine Frage Sie aus dem Konzept bringt, na und! Vielleicht können Sie in einem Gespräch darauf hinweisen, dass Sie sich diese Frage tatsächlich so noch nie gestellt haben. Und Sie finden es sehr interessant,

einmal über die gerade angesprochene Frage nachzudenken.
Sind Sie grundsätzlich vorbereitet, dann ist dies längst deutlich geworden. Und dann wirkt diese *anerkennende Antwort* einfach authentisch! Niemand weiß wirklich auf jede Frage eine Antwort. Das müssen Sie auch nicht. Im Gegenteil, ein bis zwei Mal der Hinweis in einem Gespräch auf das notwendige Nachdenken bei einer wichtigen Frage: Das wertet den Fragenden auf und lässt Sie differenziert erscheinen.

Saugen Sie sich nichts aus den Fingern, das wirkt ungünstig. Stehen Sie zu dem, was und wer Sie sind!

Nicht Techniken helfen weiter –
sondern die Arbeit an sich selbst!

Achten Sie in einem Bewerbungsgespräch auf Folgendes:

- Bitte niemals zu „aufgetakelt" oder zu nachlässig gekleidet erscheinen.
- Bitte niemals unvorbereitet zum Vorstellungsgespräch erscheinen.
- Bitte niemals gelangweilt und desinteressiert die Fragen abwehren.
- Bitte niemals den anderen duzen.
- Bitte niemals rechtfertigen, was nicht zu rechtfertigen ist.
- Bitte niemals unangemessene Detailfragen stellen.
- Bitte niemals im Gespräch resignieren.
- Bitte niemals etwas erzählen, was sich hinterher als Lüge herausstellt.
- Bitte niemals maßlos übertreiben, spätestens bei der Einstellung werden Sie durchschaut.

Nimm den anderen wichtig

Sie haben in diesem Arbeitsbuch viel erfahren von *Bauch, Vertrauensschaffung* und *sympathiebildenden Maßnahmen*.

Vielleicht können wir uns das Wesentliche wie folgt verdeutlichen:

> *Jeder Mensch sucht Zeit seines Lebens nach Bedeutung und Bestätigung seiner Existenz und Person.*

Es gibt keinen in der Seele gesunden Menschen, der nicht wissen wollte, dass er richtig und anerkannt ist.

Natürlich ist es nicht Ihre Aufgabe, sicherzustellen, dass jeder Mensch seine Bedeutung findet. Aber: Achten Sie darauf, dass Sie die Bedeutung von Menschen nicht durch Negatives schwächen. Das können Sie immer leisten.

Denken Sie sich für den Begriff „Liebe" einmal „Wichtignehmen", dann wird aus dem Gebot: „Du sollst deinen Nächsten lieben wie dich selbst" eine sehr einsichtige und praktikable Verfahrensanweisung: *„Nimm den anderen genauso wichtig, wie du dich selbst wichtig nimmst!"*

Nicht weniger – aber auch nicht mehr. Ein Programm, um mehr Menschen für sich zu gewinnen und selbst mehr Freude zu erfahren. Und ganz nebenbei macht es Sie sympathisch und erfolgreicher.

Alles Gute und viel Erfolg.

Die Autoren

Paul Reinhold Linn

- Geboren 1962 in Köln
- Techniker und Vertriebsspezialist
- Trainer für Kommunikation, Verkauf und EDV-Anwendungen
- Seit zwölf Jahren mehr als 3.500 Veranstaltungen, Dozenten- und Trainertätigkeit
- Seit mehr als zehn Jahren regelmäßig stattfindende Veranstaltungen an Berufs- und Hauptschulen
- Bisher vier Buchveröffentlichungen zum Schwerpunkt Entwicklung von Jugendlichen
- Mehrere Buchveröffentlichungen zum Thema Verkaufs- und Verhandlungspsychologie

Gerald Brietzke

- Geboren 1970 in Hamburg
- Elektromechanikermeister und Betriebswirt d. Handwerks
- Berufserfahrung in Unternehmensführung, Vertrieb, Einkauf und Personalwesen aus Handwerk, Industrie und Dienstleistung
- Seit über 2 Jahren bei der expert Technik – Leitung der expert Technik bei der expert AG

Platz für Notizen

Literaturverzeichnis

- Begemann, Petra: Der große Business-Knigge, Frankfurt, Eichborn-Verlag, 2007
- Bernstein, Albert J.: Das Dinosaurier-Syndrom, Wiesbaden, Orell-Füssli-Verlag, 1990
- Birkenbihl, Vera F.: Kommunikation für Könner, Landsberg am Lech, mvg-Verlag, 2000
- Canfield, Jack; Hansen, Mark V.: Hühnersuppe für die Seele, München, Goldmann-Verlag, 2007
- Enkelmann, Nikolaus: Das Power-Buch für mehr Erfolg, Landsberg am Lech, mvg-Verlag, 2001
- Gay, Friedbert: Das DISG-Persönlichkeits-Profil, Remchingen, Gabal-Verlag, 35. Auflage, 2007
- Gladwell, Malcolm: Der Tipping Point, Berlin, Berlin-Verlag, 2000
- Goleman, Daniel: Emotionale Intelligenz, München, Hanser-Verlag, 1996
- Heller, Eva: Wie Farben wirken, Hamburg, Rowohlt-Verlag, 2004
- Linn, Paul Reinhold: Positiv die eigene Zukunft gestalten, Odenthal, Linn Seminare Group, 2005
- Löhr, Jörg: So haben Sie Erfolg, München, Südwest-Verlag, 1999
- Roth, Gerhard: Fühlen, Denken, Handeln, Frankfurt am Main, Suhrkamp-Verlag, 2001
- Sandberg, Vera: So finde ich meinen Stil, (= Brigitte-Bücher), München, Goldmann-Verlag, 2006
- Schulz von Thun, Friedemann: Miteinander reden, Hamburg, Rowohlt- Verlag, 1981
- Schwarz, Hubert: Aus eigenem Antrieb – Erfahrungen eines erfolgreichen Extremsportlers, Berlin, Econ-Verlag, 2007
- Seiwert, L. J.; Tracy, B.: Lifetime-Management: Mehr Lebensqualität durch Work-Life-Balance, Offenbach, Gabal-Verlag, 2002
- Stil & Etikette: Verlag für die Deutsche Wirtschaft, Bonn 2004
- Watzlawick, Paul: Menschliche Kommunikation, Göttingen, Huber-Verlag, 1969

Impressum

Linn Seminare
Expert Technik

Paul Reinhold Linn – Gerald Brietzke

Leg´ los jetzt!

1. Auflage 2011

ISBN 978-3-00-028522-6

Internet: www.linn-seminare.de

Verlag: Linn Seminare, D-51467 Bergisch Gladbach
Grafiken: Monika Linn, D-51467 Bergisch Gladbach
Satz und Layout: found-media.de, Katja Wiemer, D-53804 Much